OPUSCULES

ENTOMOLOGIQUES

PAR

E. MULSANT

BIBLIOTHÉCAIRE-ADJOINT DE LA VILLE DE LYON,
CORRESPONDANT DE L'INSTITUT,
PRÉSIDENT DE LA SOCIÉTÉ LINNÉENNE, ETC.

QUINZIÈME CAHIER

PARIS
DEYROLLE FILS, NATURALISTE
RUE DE LA MONNAIE, 19

1873

OPUSCULES

ENTOMOLOGIQUES

LYON. — IMPRIMERIE PITRAT AINÉ, RUE GENTIL, 4.

OPUSCULES

ENTOMOLOGIQUES

PAR

E. MULSANT

BIBLIOTHÉCAIRE-ADJOINT DE LA VILLE DE LYON
CORRESPONDANT DE L'INSTITUT,
PRÉSIDENT DE LA SOCIÉTÉ LINNÉENNE, ETC.

QUINZIÈME CAHIER

PARIS
DEYROLLE FILS, NATURALISTE
RUE DE LA MONNAIE, 19

1873

A

M. E. REVELIÈRE

Monsieur,

Vous avez, depuis un certain nombre d'années, exploré les richesses entomologiques de la Corse avec un zèle et une intelligence admirables. La science s'est enrichie de bon nombre d'insectes inconnus jusqu'à vous,

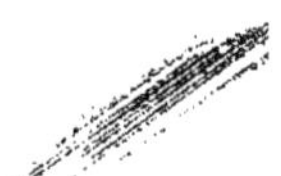

et nous avons reçu une large part de ces découvertes. Puissent ces modestes pages vous témoigner de notre reconnaissance et vous offrir l'assurance des sentiments d'affection avec lesquels,

Nous avons l'honneur d'être

Vos dévoués serviteurs,

E. MULSANT, Cl. REY.

Lyon, le 12 mai 1873.

DESCRIPTION

D'UNE

ESPÈCE NOUVELLE DE MELOLONTHINS

(AMPHIMALLUS LOGESI)

Par E. MULSANT et GODART

Présentée à la Société linnéenne, le 11 décembre 1871

Amphimallus Logesi, Mulsant et Godart

♂ *Oblong, tête et prothorax noirs. Suture frontale anguleusement dirigée en arrière dans son milieu. Tête hérissée de poils. Carène frontale brièvement interrompue dans son milieu. Antennes fauves ou brunes ; à 3e article égal au. 4e Prothorax assez densement ponctué ; hérissé de poils d'un blanc sale, plus épais au-devant de la base. Elytres ruguleusement ponctués, brunes ou d'un noir de poix ; garnies de poils blanchâtres, courts et mi-couchés ; chargées chacune d'une côte sturale et de deux autres pareilles jusqu'à la fossette humérale et d'une étroite nervure près du bord externe. Calus huméral prolongé en arrière jusqu'au quart de leur longueur. Dessous du corps noir ou brun. Ventre brun, presque glabre.*

♀ *Tête et prothorax d'un rouge rosat. Suture frontale en ligne transverse sur ses deux tiers médiaires. Carène frontale non ou à peine interrompue dans son milieu. Prothorax marqué de points médiocrement rapprochés, séparés par des espaces superficiellement pointillés ; garni de poils peu allongés, livides et presque couchés. Ecusson fauve, densement et assez finement ponctué, pubescent. Elytres blondes ou d'une teinte rapprochée avec la suture brune et les rebords externes et apical d'un rouge brun ; peu ruguleusement ponctuées ; à nervure voisine du bord externe nulle ou obsolète. Dessous du corps et pieds, d'un rouge brun.*

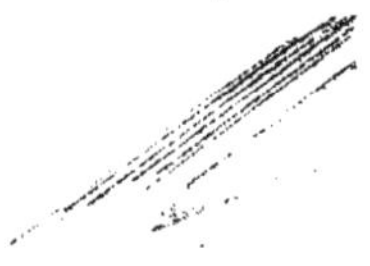

Long., 0,0140 à 0,0157 (6 1/4 à 7 l). Larg., 0,0050 à 0,0061 (2 1/4 à 2 3/4) à la base des styles.

Corps oblong. *Tête* densement et presque uniformément ponctuée; hérissée de poils d'un blanc cendré plus épais sur le front que sur l'épistome. *Suture frontale* en angle dirigé en arrière dans son milieu. *Carène frontale* ordinairement interrompue dons son milieu. *Antennes* fauves ou brunes; à 3e article égal au 4e *Prothorax* rétréci en ligne presque droite ou légèrement sinuée dans la seconde moitié de ses côtés; à angles postérieurs peu émoussés et un peu plus ouverts que l'angle droit; bissinneusement en arc dirigé en arrière à la base; convexe, noir; cilié en devant et sur les côtés; garni d'une frange d'un blanc sale sous la moitié médiaire de sa base; assez densement et peu grossièrement ponctué; hérissé de poils d'un blanc grisâtre, un peu plus épais et couchés près de la base. *Ecusson* noir; assez densement et peu grossièrement ponctué; garni de poils blanchâtres. *Elytres* convexes; brunes ou d'un noir ou brun de poix; chargées d'une côte saturale et ordinairement de deux autres plus ou moins faibles: la seconde de celle-ci naissant de la fossette humérale; à calus huméral prolongé en s'affaiblissant jusqu'au quart de leur longueur; mais sans traces de côte juxta-marginale; presque sans sillon au côté externe du calus; ruguleusement ponctuées; garnies de poils blanchâtres, fins, peu allongés, mi-élevés, médiocrement apparents. *Propygidium* et *Pygidiun* d'un noir de poix; le premier pubescent; le second superficiellement ponctué, hérissé de poils peu apparents. *Dessous du corps* noir. *Poitrine* revêtue d'une longue pubescence d'un blanc sale. *Ventre* pointillé; garni d'une courte pubescence sur les côtés; hérissé sur ses arceaux d'une rangée transversale de pieds rigides. *Pieds* noirs ou d'un noir brun. *Cuisses postérieures* marquées de points peu rapprochés et garnies de longs poils blanchâtres. *Ongles* munis d'une dent basiliaire et comme bidentée.

♀ *Corps* plus épais, plus sensiblement élargi des trois cinquièmes aux deux tiers des élytres. *Suture frontale* en ligne transverse sur les deux tiers médiaires. *Tête* d'un rouge rosat; densement, un peu grossièrement ponctuée; plus sensiblement hérissée de poils blanchâtres sur le front que sur l'épistome. *Antennes* d'un rouge testacé. *Prothorax* d'un rouge rosat; offrant sur sa ligne médiane les traces d'un sillon; marqué de points médiocres, et médiocrement rapprochés, séparés par des espaces superficiellement pointillés; ces points donnant chacun naissance à un poil médiocrement allongé, d'un livide blanchâtre ou flavescent, fin, couché. *Ecusson* blond ou d'un blond testacé; densement marqué de points piligères. *Elytres* blondes ou d'une teinte rapprochée, avec la suture brune et les bords externe et postérieur d'un rouge brun; ponctuées, garnies de poils et chargées de côtes comme chez le ♂. *Pygidium* et *Propygidium* blonds, avec une bande médiane brune ou brunâtre. *Dessous du corps et pieds* d'un rouge brunâtre.

PATRIE : l'Italie méridionale. Coll. de M. Desbrochers des Loges, à qui nous nous faisons un plaisir de dédier cette espèce.

L'*A. Logesi* se distingue aisément de l'*A. fuscus* par ses élytres garnies de poils assez courts, mais très-apparents.

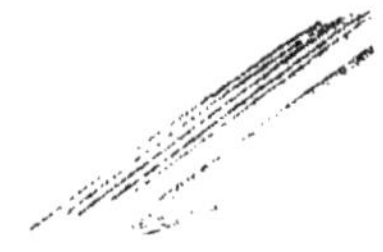

HISTOIRE

DES

MÉTAMORPHOSES DU VESPURUS XATARTI

DE LA TRIBU DES LONGICORNES

Par E. MULSANT & LICHTENSTEIN

Présentée à la Société linnéenne de Lyon, le 11 décembre 1871

L'étude des insectes ne se borne pas à nous procurer les jouissances les plus douces; elle nous émerveille souvent par les découvertes curieuses qu'elle nous fournit l'occasion de faire, en nous montrant combien la nature sait varier les moyens d'arriver à ses fins, et diversifier les habitudes des Coléoptères, même de ceux qui appartiennent à une même famille.

Nous nous étions demandé souvent quelle distination particulière pouvait avoir l'oviducte si allongé des femelles de Vespères? Par quellle cause, cet instrument chargé de cacher les œufs de l'insecte était-il s différent de ceux des autres Longicornes? Pourquoi surtout ce tube d'une nature membraneuse et par conséquent très-flexible, avait-il reçu un si grand dévoloppement?

M. Lichtenstein, dans ses différents voyages en Aragon, a trouvé l'occasion de nous permettre de répondre à ces diverses questions, en prenant la nature sur le fait.

Le *Vesperus Xatarti*, rare encore dans les collections, se trouve assez abondamment dans cette province espagnole. La ♀ avait été découverte pour la première fois, en 1813, par feu notre illustre ami Léon Dufour, et envoyée à Latreille, dont la collection passa plus tard entre les mains du comte Dejean.

Cette ♀ dépose ses œufs en novembre, à quatre-vingt centimètres environ au-dessus du sol, soit dans des tiges désséchées de ronces, soit sous des écorces d'olivier.

Ces œufs, de la grosseur d'un grain de millet, sont presque en forme de fuseau, c'est-à-dire rétrécis à leurs deux extrémités. Ils sont disposés, comme les fibres des végétaux : une partie de la longueur des uns s'interpose entre les bords divergents de deux autres œufs accolés dans leur milieu, de manière à se toucher par tous les points latéraux, et à constituer des plaques continues, sous les écorces des arbres, et des cylindres creux, dans les tiges des ronces.

Ces œufs passent l'hiver dans cet état, et éclosent au mois de mai. Les larves en paraissant au jour, se laissent alors tomber à terre qui doit désormais leur servir de lieu d'habitation ; elles s'y nourrissent pendant les autres beaux mois de l'année, des racines de végétaux, à la manière des larves de Rhizotrogues ou autres Mélolonthins, et elles changent de peau. Au mois d'avril de l'année suivante, on les retrouve en abondance dans les terrains couverts de vieilles vignes abandonnées, dans les environs de Cariguena (Aragon). Elles s'y montrent en si grand nombre qu'elles ont attiré l'attention des cultivateurs du pays. On les appelle *Virlas*, et leur présence est considérée comme une signe de la fertilité du sol.

Voici la description de la larve :

Long. 0.0150 à 0,0157 (6 3/4 à 7 l.).

Corps suballongé, tronqué postérieurement, planiuscule sur le dos, incliné sur les côtés jusqu'à la ligne de séparation de la partie abdominale : celle-ci, séparée de la partie dorsale par un sillon longitudinal profond, et plus dilaté que les parties inférieures des côtés du dos. *Tête* enchassée dans le segment prothoracique ; grande, semi-orbiculaire, peu inclinée ; creusée sur la suture frontale, d'un sillon transversal, aboutissant à la base des mandibules. *Front* sillonné sur sa ligne médiane, d'un blanc légèrement ardoisé et rugeux de chaque côté de cette ligne ; hérissé de poils peu serrés, naissant de points granuleux plus apparents sur les parties latérales ; moitié antérieure de la tête divisée en *postépistome*, *épistome* et *labre* : le postépistome de la couleur du front ; transversal, quatre fois aussi large que long, rayé de huit sillons longitudinaux, séparé de l'épistome par un sillon transverse : l'épistome, lisse, moins large que le postépistome et plus que le labre : celui-ci, brunâtre presque en demi-cercle, garni en

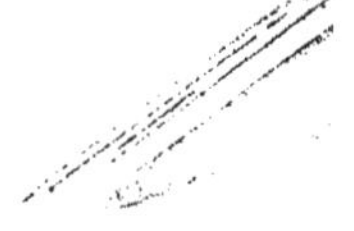

devant de cils roussâtres, naissant de points enfoncés. *Mandibules* ne débordant pas l'épistome dans l'état de repos ; médiocrement arquées, fortes, faiblement rétrécies d'arrière en avant. obliquement coupées et tranchantes à l'extrémité ; rayées sur leur côté externe d'un sillon, séparant sous la forme d'une petite dent, la partie supérieure de l'extrémité de la partie inférieure plus large et plus tranchante ; noires à l'extrémité avec une tache jaune à la base. *Mâchoires* garnies de longs poils à la partie externe de leur base ; à un lobe en ligne droite à son coté externe, arqué à l'interne et cilié de soies grossières, d'un roux livide. *Palpes maxillaires* un peu plus longuement prolongés que les mâchoires : à 1er article court, les deux suivants transverses : le 4e conique. *Lèvre* papilleuse, hériseée de soies d'un livide roussâtre. *Palpes labiaux* de trois articles : le 1er presque confondu avec la lèvre, hérissé de poils à son côté externe ; le 2e un peu moins gros, garni de poils, comme le précédent : le dernier conique, glabre. *Antennes* insérées à la base des mandibules ; à peine plus longuement prolongées que la moitié de la longueur de celles-ci ; de quatre articles : le 1er globuleux ; le 2e cylindrique, un peu arqué en dehors ; une fois plus long que le suivant ; garni de longs poils à son côté externe ; le 2e, cylindrique, d'un diamètre un peu plus étroit : 1er dernier grêle et très-court comme enté sur la partie antérieure de celui-ci, près de l'angle antéro-externe.

Corps d'un blanc légèrement ardoisé ; composé de 12 anneaux : le prothoracique plus long que les deux suivants réunis, échancré en arc à son bord antérieur : rayé d'une ligne médiane ; rugueux sur sa moitié antérieure, moins ridé sur sa postérieure ; offrant, au devant de chaque cinquième externe de sa base, un léger bourrelet transverse limité en devant par un sillon ; garni de poils fins sur les côtés de sa moitié antérieure et sur la postérieure : les arceaux méso et méthathoraciques égaux, constituant chacun un pli à peine plus grand que le tiers de l'anneau prothorocique, ruguleusement ponctués et garnis de poils fins sur le dos ; offrant cette partie dorsale divisée en trois fractions ; l'intermédiaire moins grande, rétrécie d'avant en arrière, et d'une manière obtriangulaire sur le méthatoracique. *Abdomen* composé de neuf segments ; subparallèle jusqu'à l'extrémité du cinquième, graduellement rétréci ensuite sur les côtés des derniers ; rayé de chaque côté d'un sillon aboutissant au bord postérieur du sixième segment : ce sillon séparant la partie dorsale des bourrelets verticalement allongés, constituant chaque partie latérale : la partie dorsale, planiuscule, ruguleusement ponctuée et garnie de poils fins, près du bord de chaque anneau : les trois premiers, en forme de pli, à peu près égaux chacun au métathoracique : les trois suivants graduellement plus grands, un peu anguleusement avancés dans le milieu de leur bord antérieur : le 1er segment abdominal, offrant son dos divisé en trois parties : l'intermédiaire de celles-ci, obtriangulaire, comme chez le métathoracique : les autres segments entiers : ces trois derniers segments presque verticalement tronqués. *Ventre* séparé, de chaque côté, par un profond sillon, des côtés de la partie dorsale, formés par des bourrelets longitudinaux, perpendiculaires sur la partie antérieure, graduellement inclinés postérieurement : ce sillon profond prolongé depuis l'extrémité du segment prothoracique, jusqu'aux côtés du dernier arceau dorsal. Les arceaux du dessous du corps graduellement un peu élargis et allongés depuis le médipectoral jusqu'au sixième abdominal : celui-ci le plus grand, obtusément arrondi à son extrémité ; tous rugueusement ponctués et garnis de poils fins : les trois derniers segments abdominaux graduellement rétrécis, tronqués verticalement. *Pieds* situés sous chacun des segments pectoraux ; courts, garnis en dessous de poils fins, composés d'une hanche enchassée dans le segment, et de la même consistance que ce dernier, et de quatre pièces cornées, une trochanter, une cuisse, un tibia et un tarse très-court terminé par un ongle aigu : l'antépectus, ruguleusement ponctué, subcorné, bombé longitudinalement, divisé en deux parties par une ligne transversale : la partie antérieure large, transversale : la partie postérieure offrant un sternum obtriangulaire, séparant largement les pieds antérieurs : le médipectus offrant un mésosternum conformé de même : le postpectus offrant un posternum rétreci d'avant en arrière et tronqué à son extrémité. *Stigmates* au nombre de neuf paires : la 1re, plus grande, un peu plus élevée que les autres, située vers l'angle postéro-externe du segment prothoracique : chacune des autres, situés sur les huit premiers arceaux de l'abdomen, près du sillon séparant les côtés du dos de l'abdomen de

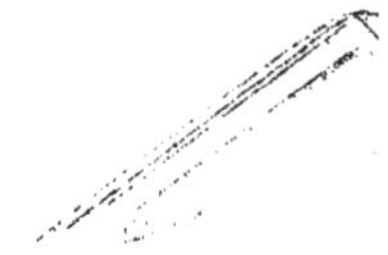

la partie ventrale, et au-dessous de ce sillon.

Ces larves placées dans des flacons, ont été nourries par M. Lichtenstein avec des détritus de bois ; quelques-uns ont rongé le liége des bouchons servant à fermer leur prison. D'autres, confiées à notre ami M. Valery Mayet, de Cette, placées dans des vases remplis de terre ensemencée d'avoine s'y sont engraissées en se nourrissant des racines de ces plantes, se sont construit, dans le fond de ces vases, une coque de terre dans laquelle elles se sont transformées en nymphe vers la fin d'août, et sont arrivées à leur état parfait vers la fin d'octobre ou dans les premiers jours de novembre.

Il est probable que les *V. strepens* et *luridus* ont des mœurs analogues. Ces insectes, comme on sait, sont crépusculaires et nocturnes et les ♂, comme ceux des Lampyres et de la plupart des Noctuelles, sont attirés par l'éclat des flambeaux.

Dans l'un de nos voyages du Midi, dînant un soir sur la terrasse du jardin, chez l'excellente famille Doublier, ce fut pour nous un spectacle curieux de voir les *Vesperus strepens* ♂, venir voltiger autour des flambeaux dont la lumière prêtait son éclat à notre aimable repas, et s'abattre sur la table où il nous était facile de nous en emparer.

NOTES

POUR SERVIR A L'HISTOIRE

DU

PELOPŒUS SPIRIFEX

(HYMENOPTÈRE DE LA FAMILLE DES SHPÉGITES)

Par E. MULSANT et Valery MAYET

Présentées à la Société linnéenne de Lyon le 11 décembre 1871

D'après l'ordre admirable établi par la Providence, pour maintenir l'équilibre parmi les animaux existant sur la terre, un certain nombre d'entre eux sont chargés de faire la guerre aux autres pour empêcher leur trop grande multiplication. Ainsi parmi les mammifères, les carnassiers ont pour emploi de décimer les espèces herbivores, qui, bientôt, ne laisseraient plus l'homme maître de ses propriétés et de ses récoltes, s'ils n'étaient pas limités dans leur nombre. Aussi, ces défenseurs de nos droits n'ont-ils point d'attache aux lieux qui les ont vu naître, et sont-ils prêts à se porter partout où le besoin se fait sentir, c'est-à-dire dans les lieux où les mangeurs d'herbes se trouvent en trop grande quantité, et quand ils ont rempli leur mission, c'est-à-dire quand ils ont réduits ces herbivores à un chiffre raisonnable, au lieu de s'attacher à tout détruire, ils vont remplir ailleurs l'action providentielle qu'ils sont chargés d'exercer.

Un fait curieux parmi ces mammifères carnivores, c'est qu'ils se reconnaissent entre eux pour animaux du même métier et ne se font pas la guerre. Les petits mangeurs osent même suivre parfois les gros pour obtenir une part de leur proie. Le blaireau accompagne le loup emportant un mouton, pour se voir gratifié des intestins de ce dernier que le ravisseur délaisse; les lonps à leur tour marchent dans les déserts du Maroc, sur les traces des lions, pour recueillir les miettes abandonnées par ces derniers.

La même loi n'existe pas chez les animaux invertébrés. Ceux qui vivent de proie vivante, deviennent souvent à leur tour victimes d'autres espèces carnivores.

L'histoire du *Pelopaeus spirifex* va nous en fournir un exemple :

Les hymenoptères fournisseurs auxquels cet insecte appartient, ont, comme on le sait, l'industrie de creuser, les uns dans la terre, les autres dans les bois, une retraite dans laquelle ils apporteront une proie destinée à servir de nourriture à leur postérité.

Les êtres destinés à servir d'aliments aux larves de ces fournisseurs, appartiennent à des condylopes d'ordres et même de classes différentes ; mais chaque espèce de ces chasseurs choisit généralement pour victimes des individus appartenant à une même famille. Léon Dufour avait signalé un Cerceris approvisionnant ses petits uniquement d'espèces de Buprestides ; nous en avons surpris un autre faisant exclusivement la chasse à des Porte-becs. Notre Pelopée la fait à une sorte d'araignée dont voici la description :

Menemexus (Attus) vigoratus, Koch.

Cephalotorace nigro, supra pilis cinereis aut rufis, fascia alba pubescenti, lateribus marginato, antice maculis tribus albidis, in medio fascia longitudinali albo-pubescenti antice et postice abbreviata et in medio subinterrupta ornato. Palpis antice albo-pilosis. Abdomine fusco, lateribus pube albo-maculato, in medio linea alba perbescenti pectinata Pedibus brevibus, pallidis, albidis, fusco-subannulatis.

Menemexus vigoratus, Koch, Die Arachn. T. 14. Fig. 1282 (♂) 1282 (♀).

Long., 0070 (3/8 l.), larg., 40022 (1 l.).

Cépholothorax un peu plus long que l'abdomen, subparallèle ou un peu élargi d'avant ou arrière sur sa moitié antérieure, rétréci en ligne courbe sur la seconde, tronqué à sa base ; de moitié environ plus long que large, planiscule de dessus, rayé d'un sillon transversal vers la moitié de sa longueur ; d'un brun noir, paré de chaque côté d'une large bordure de duvet blanc ; garni en dessus de poils couchés, cendrés, en partie roussâtres près de sa bordure marginale ; orné en devant de trois taches de duvet blanchâtre : la médiaire, avancée d'arrière en avant entre les yeux du milieu : chacune des autres, avancées entre les yeux du milieu et des latéraux ; paré sur sa ligne médiane d'une bande de duvet blanc, prolongée depuis le quart jusqu'aux trois quarts de sa longueur, souvent interrompue ou subinterrompue sur le sillon transversal, subtriangulaire au-devant de celui-ci, plus étroite et linéaire après ce sillon. *Palpes* noirs, avec la partie médiaire, revêtue d'un duvet blanc (♂) ou avec la partie basilaire noire et le reste d'un livide carné, revêtues de longs poils blancs (♀). *Ventre* d'un brun noir, paré sur les côtés de taches d'un duvet blanc cendré ; orné sur la ligne médiane d'une bande longitudinale étroite, d'un duvet cendré, émettant de chaque côté quatre rameaux, dont les deux médiaires sont plus étendus en largeur. *Poitrine* noire. *Ventre* d'un livide roussâtre sur sa ligne médiane, noir sur les côtés. *Pieds* courts, robustes, d'un livide carné ou roussâtre, annelés ou demi-annelés de brun noir ; cuisses antérieures noires en devant et en dehors jusqu'aux trois quarts de leur longueur.

Les yeux sont au nombre de huit, formant une sorte de carré : les quatre premiers constituent une rangée transversale un peu arquée en devant : les deux médiaires de cette rangée sont les plus gros et les plus antérieurs : chacun des latéraux un peu moins gros et un peu plus postérieurs. Les quatre autres sont disposés par paires, de manière à former une rangée longitudinale avec les latéraux antérieurs. Ceux de la première paire sont petits, noirs, à peine moins rapprochés des latéraux antérieurs que de ceux de la dernière paire : ceux-ci presque aussi gros que les latéraux antérieurs sont de la même couleur que ces derniers.

Cette araignée n'est pas rare dans nos provinces méridionales, sur les murs et sur les parois extérieures des maisons. On la voit courrir de côté et d'autres pour saisir les mouches et autres petits insectes qui viennent témérairement se reposer dans les lieux de son domaine.

Le Pelopée est chargé d'être le vengeur des hexapodes servant à engraisser ce petit ogre. En voltigeant près des lieux fréquentés par ces arachnides, il ne se contente pas d'en faire un affreux carnage, il les réserve encore pour servir de nourriture à sa postérité. Dans ce but, il construit avec de la terre qu'il a l'art de gacher, un nid divisé en plusieurs cellules, destinés à servir de retraite aux larves qui lui devront le jour.

Quand son ouvrage est terminé, il va à la recherche d'une araignée, la perce de son dard pour la paralyser, et l'emporte mourante dans une des cellules préparées, et colle au corps de sa victime un œuf, d'où sortira bientôt un ver devant vivre de la nourriture apportée par les soins prévoyants de la mère.

Par une merveille déjà observée par feu notre ami Sichel, mais que la science a de la peine à expliquer, le poison qui a servi à paralyser la proie, de manière à lui ôter toutes les apparences de la vie, a le prvilége de la préserver de la corruption. L'araignée se conserve donc sans subir les fâcheuses influences de la mort. La larve sort de l'œuf huit à dix jours après la ponte et grâce à son appétit vorace, arrive dix jours après au terme de sa grosseur.

Voici la description de cette larve :

Larve vermiferme, apode, glabre, blanchâtre. *Tête* petite, enchassée dans le segment prothoracique. *Bouche* rétractile. *Corps* composé de douze segments, subparallèle sur la majeure partie de sa longueur, rétréci à ses deux extrémités; longitudinalement rayé d'une ligne médiane sur le dos; offrant sur le milieu de la plupart de ses arceaux supérieurs une raie ou sillon transverse, raccourci à ses extrémités; sans raie semblable sur les arceaux inférieurs; le dos séparé du dessous du corps par un bourrelet latéral, limité du côté de la partie ventrale par un sillon longitudinal. *Stigmates* au nombre de neuf paires : la 1re située près du bord postérieur de l'anneau antépectoral : les autres sur chacun des huit premiers segments abdominaux.

Cette larve se change en nymphe dans une pellicule mince et brunâtre qui lui sert de fourreau.

La nymphe offre visibles toutes les parties de l'insecte parfait. Celui-ci est assez commun dans les parties méridionales de la France.

DESCRIPTION

D'UNE

ESPÈCE NOUVELLE DE LAMELLICORNES

(GROUPE DES COPROPHAGES)

Par E. MULSANT & GODART

Présentée à la Société linnéenne de Lyon, le 10 juillet 1870.

Onthophagus crocatus, MULSANT et GODART.

Noir, peu luisant en dessus. Chaperon en demi-cercle subtronqué en devant (♂ ♀). Suture frontale chargée d'une lame obtusément arquée, courbée en arrière et munie d'une dent relevée à chacune de ses extrémités (♂), ou chargée d'une lame anguleusement saillante dans son milieu; affaiblie et courbée en devant à ses extrémités. (♀) Prothorax rétus en devant; glabre et densement ponctué; offrant sur sa ligne médiane les traces d'un sillon. Élytres glabres, à stries légères. Intervalles granuleux. Dessous du corps et pieds noirs, garnis de poils bruns. Métasternum rayé d'un sillon sur sa ligne médiane.

Onthophagus crocatus (CHEVROLAT). GAUBIL, Catal. p. 84.

♂ ÉTAT NORMAL. *Suture frontale* élevée en une lame obtusément arquée en devant, et de hauteur uniforme dans cette partie; courbée en arrière sur les côtés, jusqu'au niveau du milieu des joues, et relevée en une dent ou une pointe à chacune de ses extrémités. *Bord postérieur* de la tête, en ligne transverse, à peu près sans rebord dans son milieu; sensiblement relevé en rebord sur les côtés. *Prothorax* rétus en devant, sur la majeure partie médiaire de sa largeur; arqué en demi-cercle sur la moitié médiaire de sa largeur, au bord supérieur de cette partie

rétuse; sinué à chacune des extrémités de ce demi-cercle, et muni d'une petite dent relevée au côté externe de chaque sinuosité.

♀ ÉTAT NORMAL. *Suture frontale* en forme de ligne transversale, anguleusement relevée dans son milieu, affaiblie et brièvement courbée en devant à chacune de ses extrémités. *Épistome* moins long que le front et le vertex réunis, tronqué en devant et débordé par le labre un peu plus saillant que lui. *Prothorax* rétus en devant, convexe et à peine bissinué au bord supérieur de cette partie rétuse.

Long. 0,0100 à 0,0105 (4 1/2 à 4 3/4); larg. 0,0050 (2 1/4).

Corps noir, peu luisant en dessus; chaperon subtronqué en devant; relevé en rebord en devant et laissant peu apparaître le labre (♂), ou faiblement relevé en rebord et laissant très-visiblement voir le labre lisse; subconvexe et saillant dans son milieu (♀). *Tête* densement et assez finement ponctuée. *Prothorax* élargi jusqu'à la moitié de ses côtés, rétréci ensuite et d'une manière légèrement sinuée jusqu'aux angles postérieurs; cilié latéralement; arqué en arrière à la base; densement ponctué. *Élytres* glabres, à stries légères. *Intervalles* plans, chargés de petits grains peu rapprochés : le juxta-sutural relevé vers son extrémité. *Pygidium* superficiellement marqué de points peu rapprochés. *Dessous du corps* noir, luisant, garni de poils bruns. *Poitrine* marquée sur les côtés de points râpeux. *Métasternum* rayé d'un sillon sur sa ligne médiane. *Pieds* noirs. *Cuisses postérieures* marquées d'une rangée de points piligères. *Jambes de devant* ordinairement quadridentées.

PATRIE : l'Algérie.

Cette espèce, indiquée par M. Chevrolat dans le catalogue de feu Gaubil, et non décrite encore, se distingue aisément des espèces voisines par les caractères mentionnés ci-devant.

DESCRIPTION

D'UNE

ESPÈCE NOUVELLE DE LAMELLICORNES

(GROUPE DES PHYLLOPHAGES)

Par E. MULSANT & Cl. REY

Présentée à la Société linnéenne de Lyon, le 11 décembre 1871.

Serica Ariasi, MULSANT et REY.

Oblong ou suballongé, convexe ; entièrement d'un brun rouge ou rougeâtre. Front densement ponctué, un peu moins finement que l'épistome. Prothorax glabre, plus grossièrement et fortement ponctué. Écusson densement ponctué, subcaréné sur sa ligne médiane. Élytres glabres, à stries ponctuées. Intervalles marqués de points rapprochés, au moins aussi gros ou un peu plus gros que ceux du prothorax, légèrement en toit. Mésosternum tronqué à l'extrémité. Postpectus et hanches postérieures fortement et assez grossièrement marqués de points rapprochés.

Long. 0,0072 (3/4), larg. 0,0030 (1 2/5) à la base des élytres ;
0,0046 (1 2/3) vers les deux tiers.

Corps oblong ou suballongé, convexe, mais médiocrement sur le dos des élytres ; entièrement d'un brun rouge ou rougeâtre. *Épistome* subéchancré en devant, densement et assez finement ponctué. *Front* glabre, un peu moins finement ponctué. *Antennes* blondes ou d'un blanc roussâtre. *Prothorax* élargi d'abord en ligne courbe sur la moitié antérieure de ses côtés, puis à peine élargi en ligne droite sur la postérieure ; rebordé et brièvement cilié sous les côtés, légèrement rebordé à la base près des angles postérieurs, sans rebord sur le reste de celle-là; convexe, glabre, grossièrement et assez densement ponctué; souvent déprimé sur le milieu de sa ligne médiane; marqué d'une fossette près des côtés. *Écusson* en triangle rectiligne; un peu moins large à la base que long sur sa ligne médiane; densement ponctué; subcaréné sur sa ligne médiane. *Élytres* trois fois environ aussi longues que le prothorax, graduellement un peu élargies jusque vers la moitié de leur longueur; obtusément arrondies, prises ensemble, à l'extrémité; médiocrement convexes sur le dos; glabres, à dix stries ponctuées (y comprise la marginale) : la juxta-suturale prolongée jusqu'à l'extrémité : les autres obsolètes avant celles-ci : les 3e à 7e aboutissant postérieurement à une sorte de calus; creusées d'une fossette humérale à la 5e strie. *Intervalles* marquées de points aussi gros que ceux du prothorax; légèrement en toit. *Pygidium* finement ponctué, parfois en partie voilé par les élytres. *Mésosternum* tronqué à son extrémité. *Postpectus* et *hanches postérieures* fortement et assez grossièrement marqués de points rapprochés. *Métasternum* rayé d'une ligne médiane; garni de poils courts près du sillon. *Cuisses postérieures* marquées d'une rangée de points nombreux et à peine piligères; moins densement ponctuées sur le reste de leur surface. *Jambes antérieures* extérieurement armées de deux dents.

Cette espèce a été découverte dans les environs de Escorial de Arriba (Espagne), par feu notre excellent ami dom Arias. Nous l'avons consacrée à rappeler le souvenir de cet homme distingué.

DESCRIPTION

DE

QUELQUES COCCINELLIDES NOUVELLES

PAR

E. MULSANT

Présentées à la Société linnéenne le 13 juin 1870

Cleothera Brucki, Mulsant.

Brièvement et obtusément ovale, prothorax et élytres flaves ; le premier paré de cinq taches noires, constituant souvent une bordure basilaire et un réseau sur sa région médiaire, enclosant deux taches arrondies, flaves, avec les côtés de même couleur : les élytres parées d'une bordure suturale offrant une dilatation carrée du sixième à la moitié de leur longueur, et chacune d'une bordure basilaire et externe, étroites et de trois taches noires : la 1re sur le calus, arrondie, prolongée jusqu'au tiers : les 2e et 3e constituant par leur réunion un angle dirigé en avant uni à la 1re tache : la 2e postérieurement unie aux trois quarts de la bordure suturale ; la 3e aboutissant presque aux deux tiers de la bordure externe.

Patrie : la Colombie. (E. de Bruck).

Cleothera pretiosa, Mulsant.

Brièvement et obtusément ovale, prothorax et élytres flaves ; le prothorax orné d'une bordure basilaire tridentée et de deux taches antérieures, arquées, noires. Elytres parées d'une bordure suturale suborbiculairement renflée vers le quart, d'une bordure périphérique, réduite au rebord et chacune des deux taches noires : l'antérieure, naissant sur le calus, étendue vers le quart de la bordure suturale qu'elle n'atteint pas, entaillée à son bord postérieur : la seconde sur le disque, courant des quatre septièmes aux cinq sixièmes de la longueur des étuis, irrégulièrement obtriangulaire, sinuée à son côté externe.

Long. 0,0030 à 0,0033. — Larg. 0,0025 (1 1/8)

PATRIE : la Colombie (E. de Bruck).

Cleothera ponderosa, MULSANT.

Brièvement et obtusément ovale. Prothorax noir sur son disque, paré sur les côtés d'une bordure d'un rouge jaune, étendue sur le bord antérieur. jusqu'au côté interne et sur chaque tiers externe de sa base : les élytres d'un rouge jaune, parées d'une bordure suturale une fois plus large que l'écusson dans sa première moitié, rétrécie dans sa seconde et postérieurement, brièvement dilatée ou unie à une petite tache transverse, et chacune d'une bande basilaire et d'une grosse tache, noires : les bandes unies à la moitié interne de la base, dont elle se détache ensuite en s'incombant à son extrémité, sans atteindre le bord externe : la tache, grosse, subarrondie, plus rapprochée du bord externe que de la bordure suturale, liée à celle-ci par un trait, vers la moitié de cette dernière, et à la bande par sa partie antéro-externe.

Long. 0,0033 (1 1/3). — Larg. 0,0033 (1 1/2).

PATRIE : Colombie (E. de Bruck).

Cleothera venalis, MULSANT.

Brièvement et obtusément ovale. Prothorax et élytres flaves ; le premier paré de deux taches basilaires noires, liées chacune par leur angle de devant à une tache arquée antérieure ; les secondes ornées d'une bordure suturale, d'une bordure périphérique étroite, et chacune de quatre taches noires : la 1re, grosse, arrondie sur le calus et avancée jusqu'à sa base ; la 2e en forme d'équerre, liée par l'angle à la bordure suturale, vers le quart de la longueur de celle-ci ; la 3e arrondie, liée à la bordure suturale, vers les deux tiers ; la 4e en parallélogramme allongé un peu plus avancée que la précédente, justa-marginale.

Long. 0,0030 à 0,0033 (1 2/5 à 1 1/3). — Larg. 0,0036 (1 2/3).

Nous avons vu dans la collection de M. de Bruck une Cléothère qui semblerait à première vue constituer une espèce particulière, (*C. Compilata*), mais qui n'est peut-être qu'une variété de la précédente, n'ayant pas acquis sa coloration parfaite et ayant le dessin d'un rouge fauve au lieu de l'avoir noir, seulement la troisième tache, au lieu d'être arrondie, a la forme d'une virgule sur l'élytre droite.

PATRIE : la Colombie (E. de Bruck).

Cleothera Proserpinæ, MULSANT.

Brièvement et obtusément ovale. Dessus du corps entièrement noir, avec les côtés du prothorax parés d'une étroite bordure d'un rouge jaune, poitrine nébuleuse : antennes, ventre et pieds d'un rouge jaune.

PATRIE : la Colombie (E. de Bruck).

Cleothera predicata, MULSANT.

Brièvement et obtusément ovale, prothorax et élytres flaves ; le prothorax paré d'une bordure basilaire, grêle, un peu anguleusement relevée à ses extrémités, et d'un dessin en parallélograme allongé, enclosant une tache d'une couleur foncière en ovale allongé ; ce dessin et la base d'un rouge brunâtre ; les élytres parées d'une bordure suturale, d'une bordure externe réduite au rebord, et chacune d'un réseau d'un rouge brunâtre ; celui-ci divisant la surface de chacune en cinq aréoles ; la 1re subbasilaire, suborbiculaire ; la 2e presque en parallélogramme, plus étroite et plus allongée. en dehors du calus ; les 3e et 4e en rangée transversale ; la juxta-suturale plus grosse, subarrondie ; la 4e juxta-marginale, irrégulière, anguleuse-

ment avancée sur sa moitié interne ; la 5e presque en ovale, transversale, non échancrée en devant.

Long. 0,0030 (1 2/5). — Larg. 0,0040 (1 3/4).

PATRIE : la Colombie (E. de Bruck).

Cleothera flavida, MULSANT.

Brièvement et obtusément ovale, tête et prothorax noirs, élytres flaves, parées d'une bordure ovalairement élargie de l'extrémité de l'écusson à la moitié des élytres, égale vers le quart de la suture, presque au tiers de la largeur de l'élytre, graduellement et faiblement rétrécie de la moitié à l'extrémité, d'une bordure périphérique une fois plus large que le rebord et d'un point sur le calus, noirs.

PATRIE : La Colombie (E. de Bruck.)

Cleothera gemellata, MULSANT.

Obtusément et brièvement ovale, prothorax et élytres flaves : le premier paré de cinq taches noires : trois basilaires, deux antérieures arquées ; les élytres ornées d'une bordure suturale ovalairement renflée depuis l'écusson jusqu'à la moitié, puis moins large et parallèle, et chacun d'une bordure externe réduite au rebord, et de quatre taches d'un rouge brunâtre, disposées sur deux rangées ; les deux subbasilaires, une fois plus longues que large ; la 2e sur le calus, souvent unie par son angle antéro-interne à la 1re ; celle-ci entre la 2e et la bordure suturale ; les deux autres ovalaires : la 3e plus grosse et un peu plus avancée, près de la bordure suturale.

PATRIE : La Colombie (E. de Bruck).

Cleothera septenaria, MULSANT.

Brièvement et obtusément ovale, prothorax et élytres flaves ; le protho-

rax paré de trois taches fauves en parallélogramme allongé ; une vers chaque quart externe de la base : une plus antérieure sur la ligne médiane ; les élytres ornées chacune de sept taches d'un rouge rosat ; une presque carrée, au côté interne du calus huméral, liée à une autre subponctiforme plus extérieure ; la 3e juxta suturale, moins avancée, prolongée jusqu'aux deux cinquièmes ; les 4e et 5e en rangée transverse, vers la moitié : la 4e presque liée à triangle postéro-externe de la 3e : la 5e juxta-marginale : les 6e et 7e formait avec leur pareilles une rangée faiblement arquée au devant : la 6e juxta-suturale, aux trois quarts ou un peu plus : la 7e juxta-marginale.

Patrie : La Colombie (E. de Bruck).

Cleothera vaticina, Mulsant,

Brièvement et obtusément ovale, prothorax et élytres flaves ; le prothorax paré de cinq taches d'un rouge carminé, trois basilaires, deux antérieures, unies de manière à constituer deux aréoles ; les élytres ornées chacune d'un réseau de même couleur, uni à la base au quart de la largeur et au calus : au bord externe, au cinquième, aux trois septièmes et aux deux tiers ; offrant trois bandes transverses anguleuses : 1o au niveau du calus ; 2o aux deux cinquièmes ou trois septièmes : 3o vers les deux tiers une bande longitudinale prolongée des trois septièmes de la largeur de la première bande aux deux tiers de la 3e ; un réseau divisant la surface de chacune en 9 aréoles : les deux juxta-suturales presque divisées chacune en deux.

Patrie : La Colombie. (E. de Bruck).

Cleothera circæa, Mulsant.

Brièvement et obtusément ovale, prothorax et élytres flaves ; le prothorax paré sur les trois cinquièmes médiaires de sa largeur, de cinq taches constituant souvent un réseau noir, laissant de couleur flave une tache arrondie de chaque côté de la ligne médiane, et une ovallaire plus grande, juxta-marginale : les élytres parées d'une bordure suturale assez large, élargie au tiers et aux trois quarts, et chacune d'une bordure basilaire et d'un réseau, noirs : le réseau partageant la surface de chacun en cinq aréoles : la 1re juxta-scutellaire et subbasilaire, en ovale transverse : la 2e en ovale allongé, en dehors du calus : les 3e et 4e formant avec leurs pareilles une rangée transversale arquée en arrière : la 3e voisine de la bordure, ovale : la 4e juxta-marginale, carrée : la postérieure subapicale transverse, échancrée en devant.

PATRIE : La Colombie. (E. de Bruck).

Cleothera laqueata, MULSANT.

Brièvement et obtusément ovale, prothorax et élytres flaves : le premier paré de quatre ou cinq taches roses ; trois basilaires, deux au tiers de sa longueur : les secondes, avec la suture et le bord externe noirâtres, parées d'un réseau rose divisant la surface de chacun en cinq aréoles : deux basilaires, deux vers la moitié, la 5e postérieure, échancrée dans le milieu de son bord antérieur.

PATRIE : La Colombie. (E. de Bruck).

Cleothera Maisoni, MULSANT.

Brièvement et obtusément ovale, prothorax et élytres jaunes le prothorax paré d'une bordure basilaire non étendue jusqu'aux angles postérieurs, et d'une ligne médiane avancée jusqu'au quart antérieur, noires : les élytres parées d'une large bordure suturale, et chacune d'un réseau divisant leur surface en cinq aréoles, deux à sa base, deux au milieu, une apicale : le réseau ne joignant pas le bord externe.

PATRIE : La Colombie (E. de Bruck). Dédiée à M. Maison.

Cleothera subparalella, MULSANT.

Ovalaire, subparallèle ; prothorax flave, paré d'une bordure basilaire couvrant les deux tiers médiaires de sa base, et imitant au devant deux courtes lignes longitudinales. Elytres noires, ornées chacune de cinq taches flaves : les deux premières liées à la base : la 1re semi-hemisphérique, joi-

gnant l'écusson, étendue presque jusqu'aux deux tiers, prolongée en arrière presque jusqu'au cinquième : la 2e humérale, petite, obtriangulaire : les 3e et 4e formant avec leurs pareilles une rangée transversale un peu arquée en arrière : la 4e plus petite, juxta-marginale, presque carrée, couvrant du tiers à la moitié : la 3e un peu moins petite, de moitié moins avancée, ovalaire ou presque en lozange, entre celle-ci et la suture : la 5e subapicale, transverse, échancrée au devant.

PATRIE : La Colombie. (E. de Bruck).

Hyperaspis puella, MULSANT.

En ovale allongé. Dessus du corps noir. Élytres parées chacune d'une tache d'un rouge jaune, liée au bord externe, du quart aux trois cinquièmes de la longueur des étuis, et couvrant à peu près la moitié externe de leur largeur. Dessous du corps et pieds, noirs.

PATRIE : Le Chili. (Collection de M. de Bruck).

Epilachna novenaria, MULSANT.

Ovalaire, pubescente ; d'un rouge testacé, pâle ou carné. Élytres subcordiformes, ornées chacune de neuf points noirs : le premier sur le calus huméral : le 2e au côté interne de celui-ci et un peu plus en arrière : le 3e près de la suture, aux deux septièmes : le 4e près du bord externe, sur la même ligne transversale : le 5e sur le disque, aux deux cinquièmes : le 6e près de la suture, aux trois cinquièmes : le 7e près du bord externe, sur la même ligne transversale : le 8e sur le disque, aux trois quarts : le 9e près du bord apical. Prothorax à trois taches : deux basilaires : la 3e plus antérieure, comme géminée.

Long. 0,0061 (2 3/3). — Larg. 0,0040 (1 3/4).

Toutes ces coccinellides nouvelles m'ont été obligeamment communiquées par M. E. de Bruck, de Créfeld, dont tous les entomologistes savent apprécier le savoir et la complaisance.

DESCRIPTION

D'UNE

ESPÈCE NOUVELLE D'OISEAU-MOUCHE

PAR

E. MULSANT et Jules VERREAUX

Présentée à la Société linnéenne, le 10 mai 1869

Doryfera Euphrosinæ, MULSANT et VERREAUX.

Bec droit, égal aux deux tiers du corps; grêle, noir. Tête parée sur le front de plumes squammifères, d'un bleu cendré, brillantes. Nuque et cou d'un vert cuivreux; tectrices alaires et dos d'un vert luisant; croupion et tectrices caudales, passant du vert cendré-bleuâtre au bleu cendré. Queue arquée, à rectrices assez largement barbées; d'un noir bleuâtre ou verdâtre; les submédiaires à externes cendrées à leur extrémité. Ailes aussi longuement prolongées que les médiaires. Dessous du corps d'un vert d'eau en partie gris ou d'un gris brunâtre. Sous-caudales d'un bleu cendré.

♂ adulé. *Bec* droit, égal aux deux tiers du corps; noir, grêle, légèrement comprimé, graduellement et peu sensiblement rétréci jusque près de l'extrémité, où il est légèrement renflé et subcomprimé, puis rétréci en pointe. *Mandibule* chargée d'une arête convexe, en partie visible et dénudée entre les scutelles, noire. *Scutelles* en partie dénudés. *Narines* découvertes. *Mâchoire* noire. *Tête* ronde, parée sur le front de plumes squammifères d'un bleu cendré ou légèrement teinté de vert d'eau, brillantes à certain jour; couverte, sur le reste de sa surface, de plumes d'un vert un peu cuivreux. *Dos* et *tectrices alaires* d'un vert moins ou peu cuivreux, luisant ou lustré de mi-doré à certain jour. *Croupion* et *tectrices caudales* successivement d'un vert cendré, d'un cendré bleuâtre et d'un bleu cendré. *Queue* arquée, à rectrices assez largement barbées; subarrondie ou plutôt en angle très-ouvert à l'extrémité, d'un noir bleuâtre ou verdâtre; les externes à submédiaires cendrés à l'extrémité, très-brièvement sur les submédiaires, et constituant une petite tache sur les subexternes et surtout sur les externes. *Ailes* aussi longuement prolongées que les rectrices médiaires, falciformes, étroites, d'un brun violacé. *Dessous du corps* revêtu de plumes subsquammuliformes d'un vert d'eau, longuement frangées de gris brunâtre. *Sous-caudales* d'un bleu cendré. *Page inférieure de la queue* plus pâle que la supérieure. *Pieds* noirs.

Patrie. L'Equateur. (Collect. Verreaux.)

Obs. Cette espèce a beaucoup d'analogie avec la *Dorifera Ludovicæ*; mais elle en diffère non-seulement par la couleur des plumes brillantes du front; elle a cette parure plus courte, la taille plus courte, le corps plus grêle, le bec notablement moins long, les rectrices moins larges, les sous-caudales moins pâles.

DESCRIPTION

DE LA

LARVE DE L'ANOBIUM DENTICOLE, Panzer

par E. MULSANT et Cl. REY

(Long. 0,0045 à 0,0065 (2 à 3 l.)

Corps épais, fortement convexe, plus large antérieurement, recourbé en trois quarts de cercle; d'un blanc livide et brillant; paré sur le dos d'une bande longitudinale brunâtre, indéterminée, parfois très-réduite ou à peine sensible; composé, outre la tête, de 11 ou 12 segments, de consistance molle.

Tête subcirculaire, grande, beaucoup moins large que le segment prothoracique, fortement engagée dans celui-ci; garnie d'assez longs poils fins, redressés, d'un blond pâle; obsolètement ponctuée, offrant dans sa partie antéro médiane des rides ou rugosités transversales, assez légères; submembraneuse et d'un blanc livide, avec les parties qui entourent la bouche cornée et d'un roux ferrugineux.

Front très-large, subdéprimé sur sa région médiane, creusé, un peu en avant sur son milieu, d'une fossette assez grande, subtriangulaire, lisse; terminé en arrière par un sillon-canaliculé qui se prolonge jusque sur le vertex. *Epistome* très-court, rugueux; d'un roux ferrugineux assez foncé; subarqué en avant, lié au labre au moyen d'une pièce mobile, lisse, subcornée, livide. *Labre* très-court, très-fortement transverse, rugueux; d'un testacé livide, densement cilié à son sommet de poils fauves et soyeux. *Mandibules* saillantes, très-larges, robustes, terminées par 3 fortes dents angulaires, avec la médiane plus forte que l'interne, et l'externe plus saillante et plus aiguë que l'intermédiaire; longidudinalement bi-sillonnée; d'un roux ferrugineux, avec les dents noires. *Mâchoires* épaisses, membraneuses, d'un blanc livide, à lobe interne élargi, subcorné et spinosule à son extrémité. *Palpes maxillaires* saillants au delà des côtés des mandibules; de 3 articles graduellement plus étroits : le 1er très-large, court, membraneux, en forme de bourrelet, d'un blanc livide : les 2e et 3e subcornés, d'un roux brillant : le 2e un peu plus long et beaucoup plus étroit que le 1er : le 3e plus étroit et plus long que le 2e, en cône émoussé au bout. *Languette* large, transverse, submembraneuse, livide, prolongée en avant dans son milieu en angle fortement arrondi et densement cilié à son sommet. *Palpes labiaux* courts, de 2 articles : le 1er court, pâle, membraneux : le 2e un peu plus long et un peu plus étroit, un peu roussâtre, subcorné, en cône émoussé au bout, *Menton* grand, trapéziforme, plus étroit en avant, largement et angulairement échancré à son sommet.

Antennes presque nulles ou peu distinctes, réduites à un tubercule épais, corné, ferrugineux, terminé par un appendice court, plus étroit, pâle et membraneux.

Prothorax un peu plus développé que les segments suivants; très-convexe, sensiblement élargi d'avant en arrière; mou, blanchâtre, presque lisse, légèrement pubescent sur le dos, et plus longuement sur les côtés; creusé de 2 plis transversaux, profonds, situés l'un sur le milieu, l'autre au devant du bord postérieur, réunis dans la partie déclive des côtés, laquelle présente 2 mamelons allongés, entre lesquels s'aperçoit un stigmate ombiliqué et d'un jaune paille : l'antérieur paré de 2 impressions obliques : le postérieur avec un repli court et oblique sur son côte antérieur.

Mésothorax, métathorax et les 6 *premiers segments abdominaux* graduellement un peu plus étroits, conformés à peu près de la même manière, très-convexes, d'un blanc livide, de consistance molle, obsolètement ridés en travers; finement poilus en dessus, plus longuement sur les côtés, avec les poils d'un blond pâle et redressés; parés en travers, avant leur bord postérieur d'un pli transversal arqué en arrière, convergeant en avant sur les côtés où il se reunit au bord antérieur dans la partie déclive, où il forme postérieurement une aréole allongée convexe, arcuément impressionnée sur son milieu, au-dessous duquel s'aperçoit un stigmate d'un jaune paille, et tout à fait sur les côtés un mamelon court, triangulaire, fortement cilié en dessous. L'aréole dorsale, comprise entre le pli arqué et le bord antérieur, offre en avant des pores pilifères, nombreux, un peu obscurs et subverruqueux.

Segment anal 2 fois aussi grand que chacun des précédents, convexe, d'un blanc livide; presque lisse; obtusément arrondi au sommet; creusé sur les côtés d'un pli profond, transversal, formant un bourrelet transverse, sur la partie antérieure duquel se trouve un stigmate jaunâtre. On aperçoit avant l'extrémité un grand cercle composé de pores pilifères un peu obscurs et nombreux, circonscrivant un autre cercle impressionné et entourant l'anus.

Dessous du corps livide, irrégulièrement mamelonné sur les côtés, avec quelques rides transversales.

Pieds courts, garnis de quelques longs poils d'un blond pâle; composés d'une hanche molle, en forme de mamelon conique; d'une cuisse submembraneuse et pâle, subcylindrique : d'un tibia aussi long que la cuisse, submembraneux, pâle graduellement rétréci vers son extrémité, terminé par un crochet corné, ferrugineux, très-effilé, à peine arqué.

Patrie. Cette larve se trouve en juin et en juillet, dans les vieilles boiseries de sapin, qu'elle réduit en poudre. Elle se métamorphose à la fin de juillet ou dans le commencement du mois d'août.

Obs. Les jeunes sujets ont le dos paré d'une large bande longitudinale obscure, indéterminée ou fondue sur ses bords, embrassant souvent 5 ou 6 segments ou même davantage, mais plus ou moins réduite chez les adultes qui sont presque entièrement pâles. Cette bande est souvent parée elle-même sur sa ligne médiane d'une étroite ligne longitudinale obscure, transparente, prolongée jusque sur le segment anal, et à travers laquelle on voit les mouvements du fluide nourricier.

DESCRIPTION

D'UN LAMELLICORNE NOUVEAU

Oniticellus Revelierei, Mulsant et Rey.

Suballongé, assez étroit. Chaperon d'un flave un peu cuivreux, avec les reliefs d'un vert bronzé. Prothorax marqué de points médiocres séparés par des intervalles plus petits qu'eux ; d'un bronzé obscur sur son disque ; d'un flave testacé au devant et sur les côtés ; paré de chaque côté de sa ligne médiane, sur la seconde moitié de sa longueur de deux taches, d'un vert ou brun bronzé, lisses : ces taches ornées extérieurement et entre les deux postérieures d'une bordure d'un flave testacé. Écusson vert. Elytres d'un flave testacé, parées chacune de deux rangées transverses de lignes courtes : la 1re *sur les* 2e, 3e *et* 4e *intervalles ; la* 2e *sur les* 2e, 3e, 4e *et* 5e *intervalles ; postérieurement notées de deux points de même couleur.*

♂ et ♀ à peu près comme chez l'*O. pallipes.*

Long. 0,0078 (3 3/4) ; — larg. 0,0030 (1 2/3) à la base des Élytres.

♂ *Corps* suballongé, plus étroit que chez les autres espèces de notre pays. *Tête* marquée de points peu rapprochés ; d'un blond ou flave court, légèrement cuivreux, avec les lignes en relief, d'un vert bronzé. *Joues* offrant un angle à peu près droit à leur partie antéro-externe. *Prothorax* peu convexe ; densement marqué de points médiocres, séparés les uns des autres par un intervalle, moins grand que leur diamètre; rayé d'une courte ligne longitudinale au devant de l'écusson ; offrant, au devant de celles-ci, les faibles traces d'un sillon longitudinal ; d'un brun bronzé sur le dos, d'un flave testacé au devant et sur les côtés : paré de chaque côté de sa ligne médiane. sur sa seconde moitié, de deux taches d'un vert obscur ou bronzé : chacune des antérieures obtriangulaires, les postérieures oblongues, situées de chaque côté de la ligne anté-scutellaire; paré sur les côtés de ces taches et entre les deux postérieures d'une bordure d'un blond testacé : fossette latérale d'un vert bronzé. *Ecussson* d'un vert métallique. *Elytres* planniscules sur le dos ; à stries assez profondes, à peine ponctuées, sur leur moitié interne, ponctuées sur l'externe; blondes ou d'un blond testacé; parées chacune de deux rangées transverses de lignes ou de points d'un vert bronzé ; la première distante de la base d'un sixième de leur longueur, formée de trois lignes graduellement raccourcies de dedans en dehors, situées sur les 2e, 3e, et 4e intervalles et d'un point plus antérieur sur les 6e et 7e : la 2e rangée naissant vers la moitié de leur longueur, un peu arquée en arrière, formée de quatre lignes situées sur les 2e, 3e, 4e et 5e intervalles : celle du 4e intervalle la plus longue : celle du 3e, la plus courte : celle du 5e, plus avancée : notées au devant du bord apical de deux points : l'un sur le 3e : l'autre sur le 5e intervalle : les 6e et 7e intervalles marqués presque sur toute leur longueur, de petits points d'un vert bronzé, souvent peu marqués. *Intervalles* à peine convexes; glabres ; paraissant à une forte loupe, densement pointillés; marqués de points assez gros. *Pygidium* d'un blond testacé ; paré sur la moitié de sa ligne médiane d'une saillie d'un vert bronzé. *Dessous du corps*, vernissé luisant, d'un brun bronzé ou d'un vert bronzé sur le milieu du métasterum et marqué de taches semblables sur un fond d'un blond testacé, sur les côtés de la poitrine; densement ponctué sur cette dernière. *Ventre* en majeure partie d'un brun verdâtre sur les 2e, 3e et 4e arceaux, avec les côtés de ceux-ci et les 1re et 5e d'un blond testacé; marqué de points près du bord antérieur des arceaux, imponctué sur le reste. *Pieds* d'un flave orangé, avec une tache sur les cuisses antérieures, une tache au genou des intermédiaires, les dents des jambes de devant, l'extrémité des postérieures, et les quatre premiers articles des tarses et moins obscurément le dernier, d'un vert bronzé.

Cette espèce se trouve en Corse. Elle nous a été envoyée par M. Revelière, à qui nous l'avons dédiée.

Obs. Elle se distingue de l'*O. pallipes* par son corps plus étroit; par son prothorax moins grossièrement et plus densement ponctué; par son écusson vert; par le dessin de ses élytres.

Elle a plus d'analogie, par l'étroitesse de son corps, avec l'*O. speciosus*, Costa, que nous n'avons pas vu en nature ; mais elle paraît s'en éloigner par son prothorax plus densement et moins grossièrement ponctué; par le dessin de ce segment et un peu par celui des élytres.

DESCRIPTION

D'UNE

ESPÈCE NOUVELLE DE COLÉOPTÈRES

par E. MULSANT et CL. REY

Présenté à la Société Linnéenne le 15 juillet 1872

Heteroccerus pictus, REICHE.

Oblong ; médiocrement convéxe et garni d'un duvet grisâtre en dessus. Tête et prothorax d'un brun noir : celui-ci moins large aux angles de devant qu'aux postérieurs : rebordé à ceux-ci et à la base, paré d'une tache flave aux angles de devant. Elytres d'un brun rouge, ornées chacunes de trois taches flaves : les deux premières arrondtes, punctiformes : la 1re près du bord externe, vers les deux neuvièmes : la 2e sur le disque : la 3e liée au bord externe et à une courte bordure marginale flave, vers les deux tiers.

Long. 0,0051 (2/4 l.)o— Larg. 0,0020 (9/10 l.)

Corps oblong ; médiocrement convexe et garni d'un duvet grisâtre, en dessus. *Antennes* d'un rouge testacé, brunâtre. *Tête* d'un brun noir. *Prothorax* arqué sur les côtés ; plus étroit aux angles de devant qu'aux angles postérieurs ; rebordé à ceux-ci et à la base ; cilié latéralement ; une fois au moins plus large dans son diamètre transversal le plus grand que long sur sa ligne médiane ; assez finement ponctué ; pubescent ; d'un brun noir , avec une tache d'un flave testacé aux angles de devant. *Ecusson* noir ; en triangle de moitié plus long que large. *Elytres* un peu plus larges à la base que le prothorax ; trois fois au moins aussi longues que lui ; rebordées à la base et sur les côtés ; peu ciliées latéralement ; subparallèles jusqu'aux trois cinquièmes environ de leur longueur, en ogive ou subarrondies postérieurement ; médiocrement convexes; presque sans fossette humérale; aussi finement ponctuées que le prothorax; garnies d'un duvet grisâtre, mi-couché; brunes ou d'un brun rougeâtre; parées chacune de trois taches flaves: la 1re arrondie, ponctiforme, située près du bord externe, aux deux neuvièmes de leur longueur: la 2e de même forme et à peu près de même grandeur que la précédente, située sur la disque, vers la moitié de leur longueur: la 3e subarrondie, liée au bord interne, vers les deux tiers de leur longueur ou un peu moins, souvent déformée et unie à une étroite bordure externe avancée presque jusqu'à la première tache. *Dessous du corps* brièvement pubescent; d'un rouge brun. *Plaques du 1er arceau ventral* naissant à l'angle antéro-externe de celui-ci, dirigées en ligne droite vers le bord postérieur de cet arceau où elles se terminent. *Pieds*: Cuisses d'un flave testacé, au moins dans leur seconde moitié : jambes et tarses d'un rouge testacé.

Patrie : la Sicile (Reiche).

EMMANUEL MOUTERDE.

NOTICE

SUR

EMMANUEL MOUTERDE

PAR E. MULSANT

Lue à la Société d'Agriculture, Histoire naturelle et Arts utiles de Lyon, dans sa séance du 22 mars 1872.

Mouterde (Emmanuel) naquit à Lyon, le 7 août 1801. Il appartenait à une famille établie depuis plusieurs siècles dans notre ville et vouée depuis longtemps au travail des métaux.

Son aïeul, Jean-Marie Mouterde, fut condamné à mort, le le 6 nivôse, an II, par jugement de la commission révolutionnaire établie à Commune-Affranchie[1] et guillotiné le même jour, sur la place de la Liberté[2]. Son crime était d'avoir obtenu, le 15 octobre 1770, des lettres de maîtrise de la communauté des marchands doreurs, argenteurs, fondeurs de Lyon, et surtout d'avoir participé à la défense de cette cité, en qualité de commandant du bataillon de la rue Thomassin.

Sa mort fut suivie de la mise au sequestre de son atelier et de ses biens. Cette mesure laissait sans aucune ressource Blanche Perrache[3], sa veuve, chargée de l'éducation de six enfants.

[1] Lyon.

[2] La place des Terreaux.

[3] De la famille d'Antoine-Michel Perrache, à qui l'on doit la création du quartier qui porte son nom.

Quand les jours néfastes, pendant lesquels gémissait la France, commencèrent à laisser luire l'aurore d'un avenir moins sombre, cette femme forte et courageuse parvint, à force de démarches, à se faire remettre en possession d'une partie de l'outillage de son époux.

Son fils, Louis-Antoine Mouterde, orphelin de son père à dix-sept ans, était entré, comme simple ouvrier, dans une fabrique de boutons, pour gagner le pain nécessaire à sa mère et à ses frères en bas âge. Bientôt, non content d'avoir procuré à sa famille des moyens d'existence, il eut la noble pensée d'enlever à l'Angleterre une branche de commerce dont elle avait le monopole. La France tirait alors de la Grande-Bretagne les dés à coudre et les boutons de cuivre. Il avait suivi avec les Richard, les Revoil et divers autres jeunes gens devenus célèbres un peu plus tard, les cours de l'école de dessin fondée depuis peu au palais Saint-Pierre. Mettant à profit les connaissances qu'il y avait acquises, il se mit à la tête d'un établissement et apporta dans la fabrication des boutons une perfection telle, qu'il devint, en peu de temps, l'unique fournisseur des objets de ce genre destinés à nos campagnes et vit les nations étrangères rechercher ses produits.

A sa mort, en 1822, il laissait la réputation d'un graveur habile, d'un homme recommandable par ses vertus et par son génie industriel.

Sa veuve, dont l'esprit d'ordre et d'économie avait largement contribué à la prospérité de sa maison, l'avait rendu père de sept enfants.

L'aîné de cette famille, Emmanuel Mouterde, objet particulier de cette notice, ne devait démériter en rien des vertus et des talents de son père. Élevé dans la maison de l'Enfance, l'un des meilleurs établissements de l'époque, il y fit d'excellentes études et se familiarisa avec les principaux auteurs classiques anciens et modernes. Il conserva des connaissances acquises à cet âge un souvenir assez vivace pour pouvoir enseigner plus tard les éléments de la langue latine à ses enfants et même à ses petits-enfants.

Dans son adolescence, son désir était de pouvoir entrer à l'École polytechnique, et, dans ce but, il étudiait les mathématiques, quand la mort de son père vint déranger tous ses projets. Placé tout à coup à la tête de l'industrie florissante créée par l'auteur de ses jours, mais dont la direction demandait des connaissances industrielles, il sut, par sa volonté ferme, son intelligence et son activité, surmonter tous les obstacles. Les leçons de l'École des Beaux-Arts, qu'il avait suivies avec succès pendant deux années, l'avaient admirablement préparé à une profession dans laquelle l'artiste fait la réputation du commerçant.

Malgré sa jeunesse, il fut jugé digne d'être d'abord subrogé tuteur, puis tuteur de ses frères, et, dès ce moment, il montra pour les siens cette série d'actes de dévouement et de désintéressement dont il donna l'exemple jusqu'à sa mort.

Dans le courant de l'année 1829, il épousait la fille d'un de ces hommes dont l'éclatante probité se reflète sur le commerce d'une ville. Mademoiselle Théonie Lecuyer apportait à son jeune époux les vertus et les qualités capables de faire le charme et le bonheur de sa vie et d'adoucir par ses consolations les souffrances de ses derniers jours.

A peine âgé de vingt-six ans, il débutait dans la vie publique en devenant membre du conseil de fabrique de Saint-Bonaventure et, grâce à ses conseils, on entra bientôt dans la voie des réparations ou des embellissements, qui ont fait de cette église l'un des principaux édifices de notre ville.

Le 7 février 1835, il fut nommé juge suppléant au Tribunal de commerce. Sa modestie lui fit refuser cet honneur. Il se trouvait encore trop jeune pour remplir des fonctions que l'importance du commerce lyonnais rend délicates et difficiles; mais, en 1839, appelé de nouveau par le suffrage de ses concitoyens à cette juridiction consulaire, il crut de son devoir d'accepter. Sous la direction de M. J. Bodin, l'un des plus remarquables présidents de ce tribunal, il acquit en peu de temps l'expérience nécessaire, et, grâce à l'admirable rectitude de son jugement, il se fit bientôt remarquer par la promptitude et l'équité de ses sentences. Un grand nombre de justiciables, pleins de confiance dans ses lumières, demandaient à être renvoyés devant lui. Il serait difficile de dire combien de parties sortirent conciliées de son cabinet.

En 1842, la Chambre de commerce lui ouvrit ses portes et le chargea des fonctions de secrétaire. Il eut même plusieurs fois l'occasion de présider la Chambre dans des circonstances importantes. Ses connaissances spéciales et celles qu'il avait acquises en se préparant à l'École polytechnique, jointes à ce sens droit que lui avait accordé la nature, donnaient toujours à ses conseils une grande autorité.

Vers la même époque, il fut nommé président de la Caisse d'épargne.

Le 1er mai 1849, notre Compagnie l'admit dans son sein. Peu d'années après, le 26 avril 1853, le Tribunal de commerce, qui avait su apprécier ses services, réclama de nouveau le secours de son expérience et de ses lumières, et ses collègues le désignèrent unanimement pour la présidence; mais il résista à leurs instances et les pria de reporter leur choix sur un négociant qui lui semblait plus capable d'occuper cette fonction importante.

En quittant le Tribunal, Mouterde continua encore à se rendre utile, en restant pendant plusieurs années l'arbitre et le conciliateur des commerçants.

Il trouva bientôt une nouvelle occasion de faire le bien. Il possédait dans la commune de Saint-Didier au Mont-d'Or une maison de campagne acquise par son père dans les dernières années de sa vie. Il aimait à y jouir des douceurs du repos, après une semaine consacrée à l'exercice d'une profession assujettissante.

Dès l'année 1843, il avait fait partie du conseil municipal

de cette commune rurale ; il était aussi l'un des membres du conseil de fabrique.

Depuis longtemps, tous les habitants de la commune sentaient la nécessité d'une nouvelle église. Le vieil édifice était humide, situé dans une position peu convenable, insuffisant pour la population et indigne de sa destination par son état de délabrement. Mais l'entreprise rencontrait des difficultés de plus d'un genre. Mouterde, trésorier de la fabrique, communiqua aux autres membres de ce conseil l'ardeur dont il était animé et fit partager son zèle à quelques membres notables de l'administration municipale. On fit choix d'un emplacement, un plan fut dressé par l'architecte, M. Bernard ; des souscriptions furent recueillies et les travaux furent entrepris. Mais les fonds obtenus ne tardèrent pas à être épuisés ; la construction fut interrompue.

L'activité de Mouterde, son dévouement aux intérêts de la commune lui avaient conquis la confiance générale. La voix publique l'appelait à la mairie. Ce vœu de ses concitoyens se manifesta par une unanimité de suffrages à l'époque du renouvellement du conseil municipal. Il consentit alors, malgré ses nombreuses occupations, à prendre, le 2 août 1861, les rênes de l'administration de la commune. Il se résigna surtout à se charger de ce fardeau, dans la pensée de pouvoir activer les travaux de l'église et d'en hâter l'achèvement. C'est alors qu'il donna carrière à son admirable dévouement.

Soutenu et aidé par M. Berger, desservant de la paroisse et aujourd'hui curé de Saint-Nizier de Lyon, il s'occupa à recueillir des souscriptions. Il consacra trois semaines à parcourir toutes les localités de la commune, demandant aux riches une offrande, et aux pauvres une obole, pour l'église à reconstruire, et il fut assez heureux pour réussir. Il put achever le monument.

Son passage à la mairie de Saint-Didier fera époque dans l'histoire de ce village. La construction d'un nouveau presbytère rendue nécessaire par le déplacement de l'église, la création d'une chapelle à Champagne, l'amélioration et le percement d'un grand nombre de chemins vicinaux, l'impulsion donnée aux écoles de la paroisse, témoignent de l'activité et de la sagesse de l'administration de ce magistrat.

Toutes ces améliorations, exécutées dans l'espace de neuf ans, de 1861 à 1870, l'ont été grâce aux souscriptions volontaires qu'il eut l'art d'obtenir sans surcharger trop lourdement le budget de la commune.

Le gouvernement songea à récompenser ses services, en lui accordant, en 1865, la croix de la Légion d'honneur. L'opinion publique trouva cette justice un peu tardive.

Mouterde, après avoir, pour ainsi dire, transformé la commune à laquelle il était profondément attaché, désirait rentrer dans la vie privée quand les événements de 1870 lui donnèrent un successeur.

Retiré alors de toute fonction publique, il aurait pu goûter un légitime repos. Ses habitudes laborieuses et le souvenir de son père, créateur de son atelier dont il désirait soutenir la réputation, le retinrent à la tête de sa fabrique de boutons; il voulut la diriger seul jusqu'à la fin de sa vie.

En se condamnant à rester ainsi dans les affaires, il songeait moins à l'accroissement de sa fortune qu'au sort de ses ouvriers. Dans sa bonté charitable, il aurait craint de les abandonner à une triste destinée, s'il avait fermé son atelier. « Quand je serais insuffisamment rémunéré de mes peines, disait-il, je continuerais mon commerce pour faire vivre mes ouvriers. »

De semblables paroles suffisent pour peindre l'homme ; dans un siècle d'égoïsme comme le nôtre, de si nobles sentiments rafraîchissent l'âme.

Mouterde, plus industriel que commerçant, déployait un talent d'artiste dans le perfectionnement de son outillage, surtout dans la gravure des coins destinés à la fabrication des boutons. Ses goûts d'ailleurs le portaient à consacrer aux arts les loisirs que lui laissaient ses nombreuses occupations. La médaille du docteur Gensoul, d'après laquelle a été sculpté le buste installé au Palais des Arts de cet illustre chirurgien, suffit pour donner une idée de son remarquable talent de graveur.

Magistrat dévoué et plein de bonté, juge d'une équité et d'un jugement remarquable, industriel d'une probité à toute épreuve, doué d'une bienveillance naturelle et habituelle, Mouterde avait d'autres qualités qui contribuaient à lui concilier l'estime et le respect dont il était entouré ; on admirait en lui la piété du chrétien et les vertus du père de famille.

Jamais il ne connut d'autres joies et d'autres plaisirs que ceux du foyer domestique. Sa vie était toute patriarcale.

Devenu très-jeune chef de maison, par la mort prématurée de son père, il fut le soutien de sa mère et de ses frères.

Engagé à son tour dans les liens du mariage, il se montra le modèle des époux. Il ne confia jamais l'éducation de ses enfants à des mains étrangères. Il leur répétait souvent : « Songeons avant tout à sauver notre âme, et, pour arriver à ce but, faisons le bien dans toutes les circonstances. » Sincèrement religieux, il ne séparait pas l'amour de Dieu de la charité envers les hommes et sa conduite fut sans cesse en harmonie avec les règles de sa foi.

Grâce à la tranquillité de son âme, il jouissait de tout le bonheur qu'il est permis d'avoir ici-bas et sa santé semblait lui promettre encore de longues années quand survinrent les événements de 1870. Les malheurs de la France l'affectèrent profondément, et bientôt son cœur de père fut livré à de mortelles angoisses. Deux de ses fils étaient partis soldats. Avec quelles inquiétudes sa pensée ne les suivait-elle pas dans ces luttes inégales où tout semblait conjuré pour paralyser nos moyens de défense. L'un de ses enfants avait été mutilé au combat de Nuits, où il s'était noblement conduit, et, depuis plusieurs semaines, on était dans l'incertitude sur son sort ; l'autre était enfermé à Belfort, où il pouvait d'un moment à l'autre trouver la mort.

La forte constitution de Mouterde ne put résister à ces épreuves douloureuses. Sa santé altérée laissait de jour en jour des inquiétudes plus vives à son entourage. Il comprit bientôt lui-même que le moment approchait où il faudrait se séparer de ceux qu'il aimait. Il rassembla autour de lui ses enfants pour les bénir. Dans ce moment solennel, sa figure offrait tant de sérénité, qu'on aurait pu redire avec Chateaubriand : « Venez voir le plus beau spectacle que puisse présenter la terre, venez voir mourir le fidèle[1]. »

La religion, dont il avait toujours suivi les préceptes, lui offrit ses secours, ses consolations et ses espérances. Quand il eut reçu la nourriture divine chargée de fortifier l'âme et de la soutenir dans ses luttes dernières, on l'entendit prononcer ces paroles : *Obdormiam in Domino. Qui perseveraverit usque in finem, hic salvus erit*[2].

Dieu semblait avoir voulu le récompenser dès ce monde, en lui faisant la grâce de s'éteindre sans agonie. Il avait désiré mourir un dimanche; cette faveur lui fut accordée. Dans la soirée du 28 janvier 1872, il s'endormit doucement au sein de sa famille éplorée, en laissant à tous les siens l'exemple de sa foi, de ses vertus et de sa laborieuse carrière, comme le plus sûr moyen de se faire aimer et honorer sur la terre et de s'assurer un bonheur sans mélange dans la vie qui n'aura pas de fin.

[1] *Le Génie du Christianisme*, ch. XII, De l'Extrême-Onction.
[2] Mat., x, 8, 22.

Danguin sc.

NOTICE

SUR

J.-B. GUIMET

Par E. MULSANT

Présentée à l'Académie de Lyon, le 19 mars 1872.

Il est des hommes dont les découvertes ou les travaux ont eu un tel retentissement et ont entouré le nom de leur auteur d'une si brillante auréole, que les soins d'un biographe ne sauraient rien ajouter à leur gloire (1).

J'aurais donc hésité à prendre la plume pour écrire cette notice, si des sentiments d'affection et de reconnaissance ne m'avaient porté à consacrer quelques pages à l'homme de génie qui m'honorait de son amitié, et qui laisse parmi nous des regrets si vifs et si mérités.

D'ailleurs, en reproduisant les principaux traits de cette vie illustrée par la science, embellie par les fruits du travail, entourée d'une estime et d'une considération générales, et sans cesse animée par le désir de faire le bien, n'est-ce pas un moyen de mieux faire apprécier le savant aimable que notre ville se félicitait de compter au nombre de ses habitants.

---

(1) Un poète a dit :

> . . . Il suffit qu'on le nomme :
> Tout l'éloge d'un grand homme
> Est enfermé dans son nom.
>
> DEMOUSTIER.

Guimet (Jean-Baptiste) naquit à Voiron (Isère), le 2 Thermidor an III (20 juillet 1795).

Sa famille, depuis plusieurs siècles, tenait un rang honorable dans le pays. Son père, Jean Guimet, était un ingénieur de grand mérite. On lui doit les premiers plans du port de la Joliette, à Marseille, et un projet pour amener dans cette ville les eaux de la Durance. Il avait épousé d'abord la fille de M. Le Brun (2), ingénieur du Comtat d'Avignon ; il s'unit en seconde noces à Mlle Anne Mallet, de Voiron.

Jean-Baptiste Guimet, issu de ce second mariage, eut le malheur de perdre sa mère en bas-âge (3) ; mais il retrouva les affections et les soins les plus touchants auprès de deux de ses tantes paternelles, dont l'une était religieuse dans le couvent de la Visitation de Voiron.

A dix ans il fut envoyé à Paris et placé dans la pension Hix (4). Ses bonnes tantes, en se séparant de lui, avaient mis une certaine recherche dans sa toilette. Elles l'avaient paré d'un bel habit bleu, et ses cheveux bien pommadés étaient réunis derrière la tête en une queue élégamment enrubannée, dont la mode s'était conservée dans les provinces.

A son arrivée dans la pension il fallut faire le sacrifice de cet ornement, pour être mis à la Titus, et voir ses beaux cheveux tomber sous les ciseaux du perruquier. Dès qu'il parut au milieu de ses nouveaux condisciples, la beauté éclatante de son habit le fit surnommer aussitôt : *l'oiseau bleu*. Il ne se doutait pas alors que cette couleur serait un jour la source de sa fortune et la base de sa renommée.

Un an après, il entrait au Lycée Napoléon, où il fit toutes ses classes. Son esprit ne tarda pas y manifester ses tendances : il avait

(1) Le portrait de cet ingénieur est conservé au château Borelli, à Marseille.

(2) Le 3 Pluviôse an VII (22 janvier 1799).

(3) Rue de Martignon, n° 3, division des Champs-Élysées.

des dispositions médiocres pour le grec et le latin; il excellait dans les sciences.

A dix-sept ans, il se présenta au concours de l'École Polytechnique, et, à son grand étonnement, fut jugé digne de l'admission (1). Comme il avait voulu seulement faire l'essai de ses forces; il donna sa démission, pour se préparer par de plus longues études, à entrer dans un rang meilleur.

Il concourut l'année suivante, et se vit admis de nouveau (2); il s'y trouva le condisciple d'un certain nombre de jeunes gens qui sont devenus depuis des hommes distingués ou célèbres (3).

---

(1) Par décision du jury du 29 septembre 1812.

(2) Par décision du jury du 27 septembre 1813. Pendant son séjour à l'École, il avait pour correspondant M. Labadie (beau-père de M. le général Biffault, commandant actuel (1871) de l'École Polytechnique), avec lequel il conserva toute sa vie d'affectueuses relations.

(3) MM. Allard (Jean-Baptiste), général du génie;
Avril (Sophie-Émile-Philippe), inspecteur général des ponts et chaussées;
Babinet (Jacques), membre de l'Institut;
Batbedat, général d'artillerie;
Born (Jean-Pierre), général d'artillerie;
Caron (Honoré), général d'artillerie;
Cauchy (Augustin), membre de l'Institut;
Chasles (Michel), membre de l'Institut.
Comte (Auguste), membre de l'Institut;
Duhamel (Jean-Marie-Constant), membre de l'Institut;
Enfantin (Barthélemy-Prosper);
Guichard (Dominique), inspecteur général des ponts et chaussées;
Giguet (P.), l'un des meilleurs traducteurs d'Homère.
La Coste du Vivier (Hubert-Léonidas), général d'artillerie);
Lamé (Gabriel), membre de l'Institut;
Marey Monge (Guillaume-Stanislas), général de division;
Mengin (F.-J[h].-Marie-Gabriel), général de division du génie,
Meyssonnier (Alphonse), ancien directeur d'artillerie;
Morin (Arthur-Jules), membre de l'Institut;
Parcharpe (Narcisse), général de division;
Piobert (Guillaume), général, membre de l'Institut;
Pirain, général d'artillerie;
Savary, membre de l'institut.

L'aménité de son caractère lui créa bientôt des liens d'amitié, dont quelques-uns se sont resserrés d'une manière plus étroite.

Durant le cours de ses études, les armées des puissances coalisées contre Napoléon, avaient envahi la France. Le génie de l'empereur avait en vain fait des prodiges dans les plaines de la Champagne, il n'avait pu empêcher les ennemis d'arriver sous les murs de Paris le 29 mars 1814.

Guimet fut un des plus empressés à faire partie des élèves de l'École qui se dévouèrent à la défense de la capitale. Ces soldats improvisés se chargèrent, avec quelques vétérans, d'une batterie placée en avant de la barrière du Trône. Laissés presque sans appui par le maréchal Marmont, ils se couvrirent de gloire par leur courage. Mais leur ardeur les ayant porté à s'avancer un peu trop sur l'avenue de Vincennes, afin de pouvoir tirer sur les cavaliers de Pahlen, ils furent tournés par quelques escadrons de hulans, qui, passant par Saint-Mandé, vinrent prendre la batterie à revers, et réussirent à s'en emparer. Plusieurs élèves furent tués en la défendant. Les survivants se virent heureusement secourus par un poste de la garde nationale et par un détachement de dragons (1). Ces derniers s'élancèrent le sabre au poing sur les hulans et parvinrent à reprendre les pièces. La batterie fut ramenée sur les hauteurs de Charonne, et là, nos valeureux jeunes gens continuèrent à faire un feu meurtrier. Leurs canons dirigés dans le sens de la longueur de la route firent des trouées énormes dans les rangs ennemis. Paris avait capitulé qu'ils se battaient encore. On les avait oubliés ! Ils reçurent l'ordre de se retirer sur Fontainebleau. Arrivés dans cette ville, harrassés de fatigues, ils se présentèrent à l'Intendance. Comme ils n'étaient pas inscrits sur les cadres de l'armée, ils n'eurent ni vivres ni logement. Ils furent obligés de solliciter du pain de la charité des boulangers et

(1) Commandés par le général Ordener (*Victoires et conquêtes*, t. 29, p. 202), suivant un autre article du même ouvrage (t. 32, p. 200), ce serait le général Sokolnicki, qui les aurait secourus.

de passer la nuit sous des hangars ou sous des charettes, pour se garantir de la pluie.

Pendant quelques jours ils errèrent de ville en ville, cherchant à se diriger vers l'armée de la Loire. Ils furent faits prisonniers à Blois. Guimet qui connaissait la cité, parvint à s'échapper en se jetant dans des rues étroites, dans lesquelles des cavaliers n'auraient osé s'engager, et il rejoignit les troupes françaises situés de l'autre côté du fleuve. Il avait emporté avec lui deux sacs contenant quelques effets et surtout ses cahiers de l'École. Il passa la nuit avec son petit bagage sur une meule de foin. Le froid étant devenu plus vif, il quitta un instant son lieu de repos, pour aller se réchauffer au feu du bivouac. A son retour, ses sacs lui avaient été enlevés ; il perdait ainsi le recueil de toutes ses études scientifiques, et il est facile de comprendre le chagrin qu'il en ressentit.

Quant à ses camarades faits prisonniers à Blois, ils durent à l'heureuse influence de l'illustre Alexandre de Humbold de se voir relâchés, et, après bien du temps perdu, tous ces jeunes gens rentrèrent à l'école et reprirent leurs travaux.

Le 7 octobre 1815, Guimet fut déclaré admissible dans les services publics sous le n° 63. N'ayant pas été classé dans les ponts-et-chaussées, comme il le désirait, il continua à rester avec les élèves.

L'École Polytechnique fut licenciée en 1816, par ordonnance du 13 avril. Il quitta l'établissement le 19 du même mois. Durant cette suspension, abandonné à lui-même, dans ce Paris qui offre tant de genres de séduction, au lieu de se livrer aux plaisirs, si pleins d'attraits à cet âge, il travailla à se fortifier dans ses études ; et, ce qui montra le sérieux de son esprit, il consacra une partie de ses journées à donner des leçons de mathématiques, pour n'être pas à charge à sa famille.

L'année suivante autorisé à se présenter au concours (1), pour

(1) Conformément à l'article 56 de l'ordonnance du 4 septembre 1816.

l'admission dans les services publics, il obtint le n° 6, sur soixante et douze concurrents (1).

Les poudres et salpêtres (2) offraient alors l'une des carrières les plus avantageuses et les plus ambitionnées. Il y fut admis en qualité d'élève le 10 décembre 1817 (3).

Il fut d'abord employé à l'arsenal de Paris, puis envoyé à la poudrière du Bouchet, près Arpajon (Seine-et-Oise). Là, il fut chargé de lever les plans de l'établissement, et d'y organiser le service, sous la direction de M. Grand-Besançon. De là, il passa à la poudrière du Ripault (4), près Tours.

En 1821, il fut envoyé, en qualité de commissaire-adjoint surnuméraire, à Esquerdes, près Saint-Omer. Le commissaire et l'inspecteur de l'établissement voyageaient alors, de l'autre côté du détroit, aux frais de l'État, pour tâcher de découvrir le secret de la fabrication de la poudre rousse des Anglais. Guimet, sans en parler à personne, se livra à cette recherche, et atteignit bientôt le but désiré. Il envoya ses produits à M. le comte Ruty, directeur-général. Celui-ci lui adressa des félicitations et de grands compliments, et le fit venir dans ses bureaux, pour l'occuper à faire... des additions ! Sa décou-

---

(1) Il avait préalablement été déclaré admissible le 28 octobre 1817.

(2) Un décret, du 1er mai 1815, portait que les membres de l'administration des poudres et salpêtres seraient pris exclusivement parmi les jeunes gens sortis de l'École polytechnique. Il y avait, auprès de la régie, deux places d'*élèves* données au concours.

(3) L'ordonnance du roi, du 9 août 1818, concernant l'administration des poudres et salpêtres, en réglait la hiérarchie de la manière suivante :

1 Directeur général,
3 Commissaires de première classe,
15 Commissaires de deuxième classe,
5 Commissaires de troisième classe,
2 Commissaires-Adjoints,
2 Élèves.

(4) Le mardi 9 août 1825, le bâtiment de cette poudrière servant au grenage, fit explosion ; douze ouvriers y trouvèrent la mort.

verte fut ainsi étouffée : L'administration seule en recueillit les fruits : *Sic vos non vobis*...

Le rôle de calculateur obscur n'était ni l'avancement auquel il croyait avoir droit, ni le genre d'occupation en harmonie avec son esprit inventif. Il demanda à rentrer dans le service actif. Le 9 août 1823, il fut nommé commissaire surnuméraire adjoint, à Paris, et le 18 mai 1825, commissaire adjoint titulaire, à Toulouse.

Il songea alors à s'unir à une compagne capable d'embellir et de charmer son existence, et le 20 mai 1825, il épousait, à Paris, Mlle Zélie Bidault (1), fille d'un peintre du Midi, fixé depuis quelque temps à Lyon.

Cette union ne devait pas être seulement pour Guimet une source de bonheur, mais avoir l'influence la plus heureuse sur son avenir.

La société d'encouragement pour l'industrie nationale proposa, le 22 novembre 1826, un prix de 6,000 fr., pour la fabrication d'un outremer artificiel, réunissant toutes les qualités de celui qu'on retire du *Lapis lazuli*.

Mme Zélie, héritière des goûts artistiques de son père (2), dont elle

---

(1) Bidault (Jean-Pierre-Xavier), né à Carpentras en 1745, mort à Lyon en 1813.

On a de lui, entre autres ouvrages recherchés des amateurs, une très-belle vue à l'eau forte, de l'ancien château de Pierre-Scize, gravure d'un effet très-pittoresque et d'une grande exactitude.

Il avait été le maître de son frère Jean-Joseph-Xavier Bidault, né à Carpentras, le 10 avril 1758, nommé, en 1823, membre de l'Académie des beaux-arts en remplacement de M. Prudhon ; décoré, en même temps que Ingres, lors de la visite faite au Musée, par Louis XVIII, le 14 janvier 1825, mort le 20 décembre 1846, non à Enghien, comme on l'a écrit, mais à Montmorency, dans la maison du petit Montlouis, habitée en 1759 par J.-J. Rousseau.

Depuis 1800, cet artiste avait présenté des tableaux à toutes les expositions.

(2) Elle avait produit déjà quelques bons tableaux ; elle exposa une Judith, au salon de 1827.

avait voulu être l'élève, possédait elle-même à un haut degré le talent de peindre. Elle poussa son époux, dont les connaissances en chimie lui étaient bien connues, à diriger ses recherches vers la découverte sollicitée.

Guimet se mit à l'œuvre, et dès l'année suivante, il était arrivé à des résultats heureux ; mais assuré d'apporter des perfectionnements à ses produits, il ne les présenta pas en 1827. Aucun concurrent n'avait rempli les conditions du programme : le prix fut remis au concours pour l'année suivante.

Dans cet intervalle, il multiplia les essais, et arriva enfin à reproduire l'outremer avec tous les éléments qui le composent (1).

Il commença dès lors à répandre ses produits dans le commerce (2). Plusieurs artistes en firent l'essai, et trouvèrent l'*outremer-Guimet* aussi beau que celui qu'ils retiraient d'Italie.

M. Ingres, chargé de représenter l'apothéose d'Homère, sur le plafond de l'une des salles du Musée Charles X, l'employa pour peindre la draperie de l'une des principales figures, et dans aucun autre tableau on ne vit un bleu si éclatant.

Assuré dès lors du succès, il se présenta au concours de 1828, et dans la séance générale (du 3 mars de ladite année) présidée par M. le comte Chaptal, sur le rapport de M. Mérimée, le prix lui fut adjugé (3).

Ce merveilleux secret était, suivant un savant célèbre, la découverte la plus étonnante faite jusqu'alors, dans ce siècle, par la chimie (4).

---

(1) *Moniteur* du 7 décembre 1828, page 1758.

(2) Il en avait établi un dépôt à Paris, rue du cimetière Saint-Nicolas, n° 7. Le prix de l'outremer avait varié jusqu'alors entre 2,000 et 5,000 fr. la livre; Guimet livrait le sien à 25 fr. l'once, soit 400 fr. la livre.

(3) Bulletin de la Société pour l'encouragement de l'industrie nationale, t. 27 (1828), p. 344-349.— *Moniteur* du 7 décembre 1828.

(4) Il avait trouvé par les mêmes procédés le moyen de produire des roses et des verts. Il avait également obtenu une couleur jaune, à base d'antimoine.

Vers l'époque de son mariage, il avait inventé des moyens plus économiques de fabriquer le blanc de céruse, et pendant son séjour à Paris, il avait organisé, dant ce but, une usine près Saint-Denis. Il s'était associé un de ses amis, et avait confié l'administration de l'établissement à un conseil de surveillance. Les tiraillements qui se manifestèrent dans ce conseil, nuisirent au succès de l'entreprise, et lui firent abandonner cette industrie qu'il ne pouvait diriger et surveiller par lui-même.

Pendant son séjour à Toulouse il avait apporté de nombreuses améliorations au service dont il était chargé. L'administration reconnaissante le nomma, le 30 décembre 1830, commissaire à Lyon (1).

Vers la fin de l'année suivante, la ville eut des jours de larmes et de deuil. L'émeute gronda dans les rues, et du 20 au 22 novembre la guerre civile y déploya ses fureurs et ensanglanta la cité. Les insurgés maîtres de plusieurs canons voulaient s'emparer de la poudrière. La position du commissaire devenait délicate et difficile. M. Peloux, inspecteur, était d'avis de se rendre, pour éviter les malheurs d'une défense peut-être inutile. Guimet, mieux inspiré, sut se montrer à la hauteur de la situation. Il lui répugnait de laisser aux mains de la révolte les moyens de destruction confiés à ses soins. Il sut retarder la capitulation, et profiter de quelques moments favorables pour faire jeter dans la Saône les poudres contenues dans les magasins. Grâce à son énergie, les gardes nationaux chargés de défendre la poudrière tardèrent de se rendre jusqu'à trois heures du matin du mercredi 23 : tous les autres postes avaient mis bas les armes à minuit: le général Roguet avait quitté la ville à deux heures.

M. Peloux fit offrir à Guimet, de la part de M. le Préfet, la croix d'honneur pour sa belle conduite. Il répondit qu'il rougirait de porter

---

(1) Ce commissariat comprenait dans sa circonscription les départements suivants : Rhône, Ain, Isère, Saône-et-Loire, Haute-Loire, Puy-de-Dôme, Allier et Nièvre.

un ruban obtenu pour un dévoûment déployé durant une guerre civile.

Cette décoration qu'il refusait si noblement, ne devait pas tarder à lui arriver, et pour des motifs plus flatteurs. En 1834, son outremer figura à l'Exposition de l'industrie française, et conquit tous les suffrages. Il lui valut l'une des médailles d'or et le titre de chevalier de la Légion-d'Honneur (1).

Pendant les premières années de son commissariat à Lyon, il avait employé les loisirs laissés par ses fonctions, à chercher les moyens d'apporter de l'économie dans la fabrication de ses produits, et il avait été assez heureux pour réussir.

La simplification de ses procédés lui permit d'abaisser le prix de son outremer, et de le rendre accessible à diverses industries qui n'auraient pas pu l'utiliser auparavant. L'éclatante beauté de cette couleur, le fit entrer dans le domaine de la mode; la modicité de son prix en multiplia l'emploi; les demandes devinrent de jour en jour plus nombreuses. Il commença dès lors à soupçonner que sa découverte pourrait devenir une source de fortune. Dans cette pensée, il songea à quitter l'administration.

Il me parlait un jour de son intention : j'ai fait, me disait-il modestement, une petite découverte, et je veux voir si elle m'offrira plus d'avantages que le service dans les poudres et salpêtres. Il faut, lui répondis-je, que cette découverte promette d'être bien lucrative, pour vous faire renoncer à une position aussi belle et aussi honorable que la vôtre. En me séparant de lui, je me demandais s'il n'était pas victime d'une illusion; mais je lui connaissais l'esprit trop clairvoyant et trop positif pour craindre de le voir s'aventurer dans une voie hasardeuse.

Le 22 décembre 1832, il avait été nommé commissaire à Toulouse. Il avait le désir de refuser ce poste; cependant il se décida à partir; mais il donna sa démission le 5 juillet 1834.

---

(1) Le 14 juillet 1834. — Voyez *Moniteur* 15 juillet 1834, page 1551.

Il revint à Lyon fonder son établissement de Fleurieux, et bientôt il vit l'industrie, créée par son génie, prospérer au-delà de ses espérances.

Durant les premières années de son séjour définitif dans notre ville, tout entier à sa famille, à ses affaires et à ses amis, le public eut peu à s'occuper de lui. De temps à autre seulement les comptes-rendus de notre Société d'agriculture à laquelle il appartenait depuis 1835 et dont il suivait les séances avec assez d'assiduité, se rendaient l'écho de sa parole, toujours écoutée avec beaucoup d'intérêt. Mais pendant qu'il se cachait dans ses habitudes modestes, son outremer dont le succès grandissait chaque jour, portait son nom dans toutes les parties de l'Europe et même dans le Nouveau-Monde.

L'Exposition de 1839 couronna de nouveau sa découverte par un rappel de la médaille d'or de 1834.

La fortune l'avait déjà élevé à une position à laquelle n'auraient osé aspirer ses sages désirs. Sa renommée et les circonstances l'appelèrent bientôt, et presque malgré lui, à devenir un homme public.

Lors du renouvellement triennal (1) du conseil municipal de Lyon, il fut spontanément porté candidat par la section du Jardin des Plantes, et il fut élu (2), au premier tour de scrutin, à une grande majorité.

La question des eaux, pour le service de la ville, pendante depuis 1770, soulevée et délaissée à diverses reprises, était la plus grande préoccupation du moment. Divers projets se trouvaient en présence; mais la question principale, sur laquelle les esprits étaient divisés, était de savoir si l'on emploierait les eaux des sources de la rive gauche de la Saône, analysées par M. Alph. Dupasquier (3), si l'on utiliserait celles du Rhône.

---

(1) Prescrit par l'ordonnance du 23 avril 1843.

(2) Le 7 juillet 1843, M. Ceriziat-Carrichon fut également élu dans la même section.

(3) *Des eaux de source et des eaux de rivière, comparées sous le double rapport hygiénique et industriel*, par le Dr Alph. Dupasquier. *Lyon*, 1840, in-8° Ce travail fut l'objet d'un rapport fait à la Société de Médecine, et valut à son auteur une médaille d'or.

M. Terme, maire de la cité et un certain nombre d'autres conseillers, étaient partisans des premières : Guimet, et la plupart des autres hommes de science s'efforçaient de démontrer les avantages qu'on aurait à se servir de celles du fleuve.

Les lumières connues de Guimet le firent appeler à la présidence de la Société d'agriculture pour les années 1844 et 1845 (1). On pensait que, sous sa direction, ce corps savant renfermant tant d'hommes distingués, serait saisi de l'importante question des eaux. Ces espérances ne tardèrent pas à se réaliser.

Une commission spéciale (2) chargée de s'occuper de ce sujet fut nommée, et les membres de cette compagnie eurent bientôt à entendre le rapport de M. Pigeon (3), et diverses notes ou observations relatives à la même question (4).

Le rapport dont il vient d'être parlé, donna lieu à des discussions qui occupèrent plusieurs séances. M. Terme, maire de la ville, et membre de la Société, y vint prendre part. Le rapporteur concluait à l'emploi simultané des eaux des sources et de celles du Rhône.

Guimet convaincu que les eaux du fleuve suffiraient non-seulement à tous les services et à tous les besoins, mais rempliraient mieux que

---

(1) La Société nomme son président pour deux ans.

(2) Composée de MM. Janson, président ; Bineau, Dupasquier, Fournet, Jourdan, Michel, Parisel, Pravaz, Quinson, Tabareau, Thiaffait et Pigeon, rapporteur.

(3) *Études sur la question de l'établissement d'un service hydraulique destiné à pourvoir aux besoins de la ville et des faubourgs.* (Annales de la Société t. 7, p. 264-275).

(4) 1° *Note sur la température des eaux du Rhône et sur leur rafraîchissement souterrain*, par M. Fournet (Annales t. 7, p. 264-275).

2° *Observations sur la température de diverses eaux*, par M. Guinon (Annales t. 7, p. 280-283).

3° *Observations sur les fournitures des eaux publiques et privées à Lyon et ses faubourgs*, par M. Parisel (Annales t. 7, p. 290-294).

les autres les conditions désirables, céda momentanément le fauteuil à M. Pravaz, dans la séance du 30 août 1844, pour lire des *Considérations sur les moyens de procurer à Lyon des eaux pures, fraîches et limpides, et en quantité illimitée, par l'infiltration des eaux du Rhône dans le sol lyonnais* (1).

Ce mémoire remarquable, appuyé sur des preuves incontestables, fut communiqué aux membres du conseil municipal, et produisit sur l'esprit de la plupart de ceux-ci, une impression profonde. La cause des eaux de sources en faveur desquelles M. Terme avait présenté un très-long rapport (2), sembla perdue dès ce moment.

La question des eaux sommeillait depuis quelques années (3) au sein du Conseil municipal ; cependant, le 15 mars 1844, M. Terme avait ramené la discussion sur ce sujet (4).

---

(1) *Annales de la Société d'agriculture de Lyon*, t. 7, (1844) p. 295-310.

(2) *Des eaux potables à distribuer pour l'usage des particuliers et pour le service public.* — Lyon, 1843, in-4° de 305 pages.

(3) Le 21 juin 1838, le conseil municipal avait pris une délibération par laquelle les eaux du Rhône étaient adoptées pour l'alimentation de la ville.

Postérieurement, il fut fait à la ville l'offre de la dérivation des sources de la rive gauche de la Saône.

M. Terme, maire, saisit le Conseil de cette nouvelle proposition, qui fut renvoyée à l'examen d'une nouvelle commission.

En septembre 1838 cette commission fit son rapport, et le 11 décembre suivant, une nouvelle délibération maintenait celle du 21 juin 1838.

Le 14 décembre 1838, cette délibération fut adressée à M. le Préfet. Le 19 mars 1840, ce magistrat renvoya à M. le Maire cette délibération, pour être soumise à un nouvel examen : M. le Préfet ne trouvant pas que le Conseil eût suffisamment motivé les causes qui avaient fait repousser le système des eaux de sources.

Le 8 avril 1840, M. le Maire saisit de nouveau le Conseil de la question, et l'examen en fut renvoyé à une commission nouvelle qui ne fit pas son travail.

(Voyez les journaux de Lyon.— *Courrier* 23 et 24 novembre 1844).

(4) Il fit auparavant connaître au Conseil les propositions nouvelles qui lui avaient été faites.

1° M. Reynaud s'engageait à fournir les eaux du Rhône.

M. Menoux défenseur naturel des intérêts des propriétaires riverains de la Saône, dans un discours, dont la lecture, partagée en deux séances (1), ne dura pas moins de quatre heures, examina la question sous toutes les faces, et chercha à démontrer qu'il ne pouvait pas exister de doutes sur la possibilité de doter notre ville d'excellentes eaux potables, en utilisant celles du Rhône.

M. Mermet propose le renvoi de cette question à une nouvelle commission.

M. le Maire s'opposa à ce renvoi, qui devait entrainer un ajournement. Avant tout, dit-il, il importe de se prononcer sur la question d'utilité publique.

Rien n'est plus grave, reprit Guimet, que la question d'utilité publique. Mais avant de la résoudre il est nécessaire d'étudier, d'une manière sévère et approfondie les divers projets qui ont surgis. L'heure avancée fit renvoyer la discussion au 28 novembre.

Dans cette dernière séance M. Terme, dans un long discours, combattit par de nouveaux moyens les eaux du Rhône, en soutenant que celles de Royes leur étaient préférables (2).

Je ne voudrais pas, dit Guimet, que le Conseil restât sous l'im-

---

2° Une compagnie récemment constituée et dont M. Dumont était l'ingénieur, faisait la même offre.

3° MM. Rozet et Vergnais offraient aussi de fournir les mêmes eaux ; au nom d'une compagnie anonyme.

4° M. Levrat présentait un projet trop incomplet pour en occuper le Conseil.

5° M. Taylor, de Marseille, désirait offrir un système complet pour une bonne distribution d'eaux potables.

6° M. Peyret-Lallier annonçait qu'il soumettrait prochainement un projet pour l'alimentation de la ville, au moyen des eaux de la Mouche.

(Voyez la note B. *Censeur*, 23 novembre 1844. — *Courrier de Lyon*, 24 novembre 1844).

(1) *Courrier de Lyon*, 24 et 30 novembre 1844.

(2) *Courrier de Lyon*, 30 novembre 1844. — *Censeur*, 2 et 3 décembre 1844.

pression du discours de M. le Maire. Je crois pouvoir combattre ses idées avec succès, et dans ce but, je demande la parole.

Il n'eut pas besoin de la prendre. La question des eaux, sur la demande de M. Mermet fut renvoyée (1) à une nouvelle commission (2).

Celle-ci, en raison des absences de M. Terme, siégeant à la Chambre des députés, tarda assez longtemps à faire connaître son avis. Enfin, le 4 mai 1846, M. Prunelle, chargé du rapport, dans un discours, dont la lecture dura trois heures, conclut à l'adoption absolue des eaux du Rhône (3).

Le Conseil se rangea à cet avis.

La cause pour laquelle Guimet avait plaidé avec tant de chaleur, était gagnée sans retour. Désintéressé dans cette question, puiqu'il n'utilisait pas les eaux de Royes dans son usine, c'était, il faut le dire à l'honneur de sa mémoire, c'était principalement par un sentiment, de justice et d'humanité qu'il avait mis son zèle et ses talents au service des habitants de ces localités. Il voyait les établissements auxquels ces eaux donnaient l'activité et la vie forcés de s'arrêter, le chômage succéder au travail, et la population ouvrière privée de ses moyens d'existence. Cette pensée lui brisait l'âme.

Aussi au mois d'août de la même année, à l'époque des élections des députés ; les propriétaires riverains de la Saône reconnaissants des efforts faits par Guimet, pour sauvegarder leurs intérêts le choisirent-ils pour leur candidat. Cet hommage spontané dut sans doute le flatter ; mais cette tentative n'eut pas de résultat. Cet insuccès ne fut pas un échec pour lui : il n'avait pas fait la moindre démarche en faveur de sa candidature.

---

(1) A une majorité de 25 voix contre 13.

(2) Composée de MM. Devienne, de Vauxonne, Reyre, Mermet, de Lacroix-Laval, Pasquier, Prunelle, Couderc et Guimet. (*Courrier de Lyon*, 7 décembre 1844).

(3) *Censeur*, 6, 7, 8, 9, 10, 11, 12 mai 1846. — *Courrier de Lyon*, 7, 8, 9 et 10 mai 1846.

Toutefois ces sentiments de reconnaissance ne se sont pas éteints dans le cœur des habitants de ces lieux ; il y a peu d'années encore, Guimet demandait un léger service à un ouvrier ; comment pourrions-nous vous refuser quelque chose, lui répondait ce dernier ; vous nous avez tous sauvés de la misère ; sans vous, les eaux nous étaient enlevées, et avec elles le travail et le pain.

Le 3 juin 1847, M. Terme présenta un projet de distribution des eaux. Une commission (1) fut nommée pour l'examiner, et le 22 juillet suivant, Guimet, chargé du rapport, lut au Conseil un lumineux travail, dont les propositions furent adoptées.

La même année, il fut nommé membre de l'Académie des sciences, belles-lettres et arts de Lyon, et le 9 janvier 1849, en séance publique, il lut son discours de réception (2), dans lequel il passait en revue les prodiges les plus étonnants opérés de nos jours par l'industrie, en faisant entrevoir les résultats possibles à espérer encore.

La Révolution de 1848 arriva quelques mois après, et avec elle la suppression du travail et les souffrances des pauvres, inséparables des époques de trouble. Guimet, dont la bienfaisance était inépuisable, toujours préoccupé des classes laborieuses, porta dix mille francs à l'Hôtel-de-Ville, pour aider à secourir les misères. Cette même année il fit construire sa maison, pour contribuer à donner de l'ouvrage et par conséquent du pain aux ouvriers.

Il ne fit pas partie de l'administration de 1848, mais il avait montré trop de talents, de droiture et de dévoûment pour ne pas reprendre bientôt la place qu'il avait si dignement occupée. En 1852, il fut nommé membre de la commission municipale (3), et fit également

---

(1) Elle se composait de MM. de Lacroix-Laval, de Vauxonne, Guimet, Dolbeau, Gautier, Barillon, Seriziat (Henri), Monoux.

(2) *Considérations sur l'application des sciences à l'industrie.*

(3) La Commission municipale fut nommée en vertu de l'article 2 du décret du 24 mars 1852.

partie du Conseil (1) qui succéda à celle-ci. Il apporta, pendant plusieurs années, à ces assemblées le concours de ses lumières, et fut le premier à réclamer l'impression des comptes des recettes et des dépenses de la ville, pour permettre à tout le monde de contrôler les actes de l'administration.

Le 25 mars 1851, il fut nommé membre de la commission administrative de la Martinière, et plus tard il en fut le vice-président jusqu'à sa mort.

En 1852, il fut appelé à présider l'Académie des sciences de notre ville, conjointement avec M. Grégori, conseiller en la Cour, et chacun de nous se rappelle avec quelle bienveillante dignité et avec quelle intelligence il occupa le fauteuil (2).

Il avait encore eu, dans les années précédentes, à se glorifier de nouveaux triomphes. A l'Exposition de 1849, il avait obtenu la grande médaille d'or (3); en 1851, à celle de Londres, la grande médaille *(council medal)* (4); à l'Exposition universelle de 1855 on lui décerna la grande médaille d'honneur et le titre d'officier de la Légion-d'Honneur (5).

Il n'avait plus rien à envier des honneurs ou des avantages faits pour nous attacher à l'existence. Mais le bonheur d'ici-bas ne peut jamais être sans mélange. En 1846, il avait été frappé par un de ces

---

(1) Le Conseil municipal qui remplaça la Commission, fut composé de 36 membres, aux termes de l'article 84 de la loi du 5 mai 1855.

(2) L'Académie nomme tous les deux ans deux présidents : l'un pour la section des sciences, l'autre pour celle des lettres. Le premier occupe le fauteuil pendant la première année ; le second durant la seconde. Ils se suppléent en cas d'absence.

M. Grégori étant mort avant son année de présidence, l'Académie nomma, à sa place, l'honorable M. Menoux, pour protester en faveur de son intelligence, contre la loi qui mettait à la retraite les conseillers en la Cour ayant atteint leur soixante-et-dixième année.

(3) *Moniteur* du 13 novembre 1849, p. 3637.

(4) *Moniteur* du 15 octobre 1851, p. 2661.

(5) *Moniteur* du 16 novembre 1855, p. 1270.

événements douloureux qui laissent dans le cœur d'un père une blessure inguérissable. Il avait vu s'éteindre, au printemps de sa vie, sa fille aînée (1), dont la beauté et les perfections avaient contribué à lui rendre la perte plus poignante. En 1867, une mort rapide et imprévue lui enleva sa seconde fille, Mme la baronne de Fontmagne (2), parée de grâces et de vertus, et mère d'une nombreuse famille.

Il commença dès lors à se retirer du monde; quitta la vie active de la Société d'agriculture pour passer dans les rangs des émérites, et donna sa démission de conseiller municipal. Il se montra moins assidu aux séances de l'Académie; il avait eu cependant le plaisir de voir son fils admis à l'unanimité, au sein de ce corps savant (3).

Les événements survenus en France, à partir du mois d'août 1870, l'affectèrent profondément. Animé d'un vif amour de la patrie, il ne put voir, sans une profonde douleur, notre pays en proie à tous les maux de l'invasion étrangère.

Ami de l'ordre et de la paix seuls capables d'établir la confiance dans le commerce, de donner du travail et de répandre l'aisance dans les classes laborieuses, il s'affligeait des éléments de désordre qui jetent l'inquiétude dans le monde des affaires et arrêtent les transactions.

Il éprouvait aussi une vive peine en voyant les mesures prises pour bannir la religion de tous les actes de la vie. Sans elle, disait-il, quels moyens donnera-t-on à l'homme de supporter avec patience

---

(1) Berthilde Guimet, morte le 5 mai 1846, à dix-sept ans et demi.

(2) Mme Dorothée-Louise Guimet, épouse de M. le baron Durand de Fontmagne, morte à Fontmagne, le 15 décembre 1867, dans sa 35me année.

L'année suivante, le 12 décembre 1868, un nouveau deuil vint encore déchirer son âme : il vit mourir, après trois mois seulement de mariage, Mme Lucie Saulaville, épouse de son fils Émile.

(3) Le 4 juin 1867. — Le 21 décembre 1867, M. Emile Guimet publia son discours de réception dans la séance publique.

les peines de l'existence, et quelles espérances lui laissera-t-on pour l'avenir ?

Quand il sentit notre ville exposée à être occupée par l'ennemi ; il se retira à Montpellier, dont la douce température était nécessaire à sa santé affaiblie.

Le ciel du Midi apporta du soulagement à des embarras asthmatiques dont il était fatigué. Il retrouva dans cette cité des compatriotes avec lesquels il aimait à passer une partie de son temps et à parler de sa chère ville de Lyon.

Puis, quand Paris, ensanglanté par des luttes fratricides, eut recouvré le calme, il se hâta de revenir voir sa demeure. Il avait repris ses habitudes. Il était encore sorti, comme de coutume, le vendredi 7 avril 1871, quand, la nuit suivante, le domestique laissé par précaution dans sa chambre crut le voir indisposé. Son fils, averti aussitôt, accourut en toute hâte..... Hélas, le meilleur des hommes avait cessé d'exister (1) !

Guimet était d'une taille moyenne. Son front élevé révélait son esprit observateur. Ses yeux, dont l'emploi des lunettes ne pouvaient cacher l'expression, laissaient deviner toute la beauté de son âme. Ses traits offraient un mélange de bonté, de douceur et de finesse ; ils brillaient surtout par un air de candeur et de modestie qui donnait à sa gracieuse figure je ne sais quoi de bienveillant et de sym-

---

(1) Les funérailles eurent lieu le lundi 10 avril 1871. Les coins du poêle étaient tenus par un représentant des principaux corps auxquels il avait appartenu, c'est-à-dire de l'Administration des Hospices civils, de l'Académie, de la Société d'agriculture et de la Commission de la Martinière. Il est inutile de dire combien le concours fut considérable ; mais ce qu'il y eut de plus touchant, ce fut le spectacle des pauvres nombreux dont sa main généreuse allégeait la misère, venant lui donner, par leurs larmes, le témoignage de leur douleur et de leurs regrets.

Un ami s'était proposé de lui adresser, au nom de tous, des paroles d'adieu, avant le dépôt du corps dans le tombeau ; mais une forte pluie survenue au moment de l'entrée au cimetière, força tout le monde à se séparer.

pathique. On ne pouvait causer avec lui sans être émerveillé de la rectitude de son jugement, et sans admirer son savoir. En voyant la droiture de son cœur, la noblesse de ses sentiments, on se sentait porté à rechercher son estime, et plus désireux encore d'être compté au nombre de ses amis.

Peu d'hommes ont vu leurs travaux couronnés par d'aussi magnifiques succès ; mais jamais la fortune si souvent aveugle, ne déversa ses faveurs entre des mains plus dignes.

Ses premiers bénéfices furent employés à faire du bien.

Un de ses anciens condisciples, dans une position embarassée, désirait s'occuper d'agriculture d'une manière expérimentale ; Guimet mit à son service toutes ses économies ; acheta un domaine assez important dans lequel cet amateur de la science agricole pût se livrer à ses goûts, et vivre d'une manière honorable. L'acquéreur du fonds savait à l'avance ne pouvoir retirer aucun intérêt de la somme consacrée à cette destination, mais satisfait d'avoir fait un heureux, il laissa son ami arriver à la fin de sa vie, sans jamais lui rien demander.

Né avec un cœur d'élite et d'une générosité sans égale, il mettait son bonheur à faire celui des autres.

Les bénéfices qui se multipliaient sous ses doigts, comme par enchantement, lui servirent bientôt à donner la vie à diverses entreprises industrielles qui avaient besoin d'un appui, pour permettre à une idée heureuse de se développer. Ainsi, ses capitaux ont contribué au succès de la Société de navigation mixte, issue de l'ancienne société de navigation à éther, et ont permis la formation de la compagnie Henri Merle, qui exploite sur une grande échelle les produits de la mer.

Dans le concours qu'il offrait si facilement à ceux dont l'esprit intelligent ou inventif l'avait frappé, jamais il n'eut pour mobile l'espoir d'un gain propre à accroître son avoir. Dans son généreux abandon, son unique but était de contribuer à une conquête nouvelle pour la science, ou de trouver l'occasion d'une bonne action.

Sa bonté fut souvent trompée et ses espérances déçues ; mais rien ne pouvait le guérir de sa confiance trop généreuse. Il n'aurait pas voulu qu'une idée ingénieuse avortât sans porter des fruits, faute des moyens nécessaires pour la faire germer. Aussi, combien d'innovations lui ont dû leur succès, sans que le public ait connu la cause qui leur avait permis de naître !

Si une entreprise ne réussissait pas, si une mauvaise direction en faisait échouer d'autres, capables de donner d'heureux résultats, il plaignait ceux auxquels il avait voulu être utile, plutôt que de donner un regret à l'argent jeté au vent. Sa générosité allait même plus loin ; elle intervenait pour empêcher une déconfiture publique. Un de ses protégés auquel il avait avancé des sommes assez rondes, vint lui mettre à nu sa fâcheuse position et lui avouer qu'il lui faudrait encore 20,000 francs pour satisfaire ses créanciers — et Guimet lui donna les 20,000 francs, pour sauver son honneur commercial.

Je m'arrête à ce dernier trait. Si j'entrais dans de plus longs détails, je craindrais de voir l'ombre de notre ami, me reprocher de soulever le voile dont il aimait à couvrir avec tant de soin ses actes de bienfaisance et ses abondantes aumônes ; mais Dieu qui se plait à couronner toutes les vertus, et surtout la charité, la plus excellente de toutes, a sans doute déjà accordé à une si noble vie la récompense qu'elle mérite.

NOTES

—

(A) On a le testament de Jehan Guimet, chapelain, vicaire de la Buisse, près Voiron (Isère), en date du 1er août 1530, fait par devant Dominique Sibuet, notaire.

Nous croyons utile d'en citer quelques passages, pour servir à l'histoire des coutumes et habitudes de l'époque.

Il élit sa sépulture dans l'église de la Buisse, devant le bénitier de l'église; il appelle trente prêtres célébrant messe, auxquels seront donnés trois sous monnoye, par le procureur des âmes de la Buisse (1); psautier par quatre prêtres, avec les antiphones, trois sous à chacun ; deux florins de luminaire ; trentain (c'est-à-dire trente messes) avec pain, vin et chandelle, et commémoration du chantal, et à chacun trois sous ; diner à la confrérie des âmes, un liard monnoye à chacun.

Jehan Guimet fait un grand nombre de legs à ses parents et amis, et entr'autres :

Au seigneur évêque de Grenoble, et au curé de la Buisse, à chacun six sols tournois, de telle sorte qu'ils ne puissent rien autre demander.

A la maison de l'hôpital de la ville de Voiron, son lit neuf.

A l'église de la Buisse, pour y construire un autel des morts, six écus avec le soleil.

Aux âmes du purgatoire de Sermorens et de Coublevie divers dons ou créances.

A N., deux bœufs valant 22 florins.

Institue pour ses exécuteurs testamentaires messire Claude Michelon et noble Claude Vallon.

Veut que les revenus de ses biens, dont il n'a pas disposé, soient employés à perpétuité, en partie à faire dire des messes, et en partie en aumônes.

(B) Voici la note des autres travaux publiés sur la question des eaux nécessaires à la ville de Lyon :

1° Mémoire sur le meilleur moyen de fournir à la ville de Lyon les eaux nécessaires pour l'usage de ses habitants, par M. Thiaffait. *Lyon*, 1834, in-8°.

2° Rapport fait au conseil municipal, le 10 novembre 1835 et le 21 avril 1836, par M. le Dr Chinard.

---

(1) Le Directeur des fonds destinés à faire dire des messes pour les âmes des trépassés.

3° Mémoire sur un projet de dérivation de l'Ain, pour donner des eaux à la ville de Lyon, par M. Barillon. *Lyon*, 1839, in-8°.

4° Examen officiel des eaux potables, proposées pour une distribution générale dans la ville de Lyon, par une commission instituée par M. le préfet du Rhône, et composée de MM. Polinière, Tabareau, Jourdan, Fournet, Bineau, Buisson et Imbert, secrétaire-rapporteur. *Lyon*, 1840.

5° Observations sur la dérivation des eaux de source de la rive droite de la Saône, pour le service de la ville de Lyon, par M. Darmès. *Lyon*, 1840.

6° De l'oblitération des canaux parcourus par l'eau ; examen des moyens proposés pour conduire à Lyon les eaux de Fontaines, par M. Magne. *Lyon*. 1840, in-8°.

7° Nouvelles études sur la dérivation des eaux de source de la rive droite de la Saône, et sur les réservoirs et tunnels de la montagne de Fourvières, par M. Darmès. *Lyon*, 1841, in-8°.

8° Mémoire sur la fourniture des eaux nécessaires à la ville de Lyon, par la dérivation des sources du Mont-d'Or, combinées avec l'action du moteur hydraulique. *Lyon*. 1841, in-8°

9° Enquête administrative ouverte sur le projet de dérivation et de distribution d'eaux de source à Lyon, en exécution de l'ordonnance royale du 18 février 1834. *Lyon*, 1842.

10° Eaux publiques et privées ; nouveau système de fourniture à la ville de Lyon, par Parisel. *Lyon*, 1842.

11° Rapport fait à la Société d'agriculture de Lyon, par M. Mondot de la Gorce.

12° Projet d'une distribution générale dans la ville de Lyon des eaux de la source de la Mouche, par M. Ant. Peyret-Lallier. *Lyon*, 1843.

13° Note sur un projet ayant pour but d'approvisionner Lyon et ses faubourgs, à l'aide des eaux du Rhône naturellement clarifiées. *Lyon*, 1843, in-8°.

14° Projet de fourniture d'eaux jaillissantes, à la ville de Lyon, par MM. P. Rozet et Vergnais. *Lyon*, 1843, in-8°.

15° Rapport sur le projet de dérivation et de distribution d'eaux de source à Lyon, par la Commission d'enquête, instituée par arrêté de M. le préfet du Rhône, composée de MM. Permesel, Jacquemet-Cazot, Corcelette, Janson, Achard-James, Bottex, Trochu, V. Frèrejean, J. Durieu, E. Martin, L. Bonnardet, rapporteur. *Lyon*, 1843.

16° Rapport sur une fourniture d'eau potable à la ville de Lyon, présenté au conseil municipal de cette ville, au nom d'une commission élue dans la séance du 23 novembre 1843, et composée de MM. Reyre, Prunelle, Mermet, Couderc, de Lacroix-Laval, Guimet, Devienne, de Vauxonne et Pasquier, rapporteur. *Lyon*, 1844, in-8°.

HISTOIRE

DES MÉTAMORPHOSES

DE DIVERSES ESPÈCES DE COLÉOPTÈRES

par

E. MULSANT & Valéry MAYET

Présentée à l'Académie de Lyon, le 12 février 1872

L'entomologiste n'a pas seulement pour but d'examiner les caractères extérieurs des insectes pour les classer avec ordre et méthode, ni même de les suivre sous leur forme parfaite pour connaître leurs mœurs et leurs habitudes dans cette phase de leur existence. Une des parties les plus intéressantes de cette science attrayante, mais celle qui exige le plus de patience, est d'observer le genre de vie de ces petits animaux, dès la sortie de l'œuf, c'est-à-dire sous la forme de larve, jusqu'à leur dernier développement.

Les anciens naturalistes, Swammerdam, Frisch, Gœdart, Rœsel, et surtout Réaumur et de Geer, se sont adonnés à ces observations, et depuis eux une foule d'autres entomologistes ont marché sur leurs traces. M. Perris a produit en ce genre un travail qui restera comme un modèle à suivre.

Erichson, et après lui MM. Chapuis et Candèze ont cherché à établir les caractères distinctifs des larves des principaux groupes des coléoptères, en prenant pour types celles qui leur étaient connues. Toutefois, l'histoire des premiers états de ces insectes est encore bien incomplète, et nous serions heureux si les matériaux que nous apportons pouvaient servir à remplir quelques lacunes.

CICINDELÈTES.

Tetracha euphratica, Dejean

On a parlé plusieurs fois des mœurs de l'insecte connu sous le nom de *Tetracha euphratica*, espèce de Cicindelète du sud de l'Espagne, de l'Algérie et de quelques autres localités méridionales; mais on n'a rien dit encore de sa larve.

Cette dernière présente dans ses formes et dans sa manière de vivre beaucoup d'analogie avec celle de la *Cicindela campestris;* mais elle en diffère par plusieurs caractères; en voici la description :

Larve *hexapode; allongée, subparallèle, peu convexe; composée, outre la tête, de douze segments. Tête concave, d'un vert métallique, séparée par un nodule, du prothorax, qui lui-même s'unit au mésothorax par une sorte de cou; à mandibules saillantes et relevées, armées d'une dent subbasilaire interne; mâchoires libres, à deux palpes. Antennes de quatre articles; quatre ocelles. Prothorax d'un brun jaunâtre. Méso et métathorax d'un blanc jaunâtre. Abdomen d'un blanc pur, chargé d'un mammelon sur le cinquième arceau dorsal. Anus tubuleux.*

Long. 0,0420 (19 l.) — Larg. 0,0050 (2 l. 1/4)

Tête d'un vert métallique; presque carrée; planiuscule sur son tiers longitudinalement médiaire, relevée sur les côtés et sur la partie antérieure représentant le labre; séparée du prothorax par un col très-court.

Front peu distinctement séparé de l'épistome, par une ligne à peine indiquée, arquée en arrière dans son milieu, sinuée de chaque côté de cette partie arquée.

Labre peu nettement distinct de l'épistome par une ligne transverse à peine apparente; noté près de son bord antérieur, d'assez gros points enfoncés: ceux de la partie médiaire disposés d'une manière convergente en arrière, de manière à figurer une sorte de V; rayé au devant de ces points de stries longitudinales très-fines, non avancées jusqu'au bord antérieur.

Mandibules très-saillantes au delà du labre; cornées; arquées; relevées; armées à leur côté interne, près de la base, d'une dent triangulaire, puis graduellement rétrécies d'arrière en avant et terminées en pointe.

Mâchoires libres; formées 1° d'une pièce cardinale allongée, presque trigone, obliquement dirigée, armée vers la base de son bord antérieur de deux ou trois épines, puis garnie de longs poils, surtout à son côté antérieur ou interne; 2° d'une pièce basilaire extérieurement garnie de quelques poils, portant à l'extrémité de son angle antéro-externe, une palpe de trois articles, presque également longs, mais graduellement rétrécis: le 1er muni à son angle antéro-externe d'un appendice grêle, obliquement dirigé en avant, paraissant triarticulé: le 2e muni d'un poil: le 3e glabre: la pièce basilaire suivie d'un lobe paraissant faire partie de cette pièce, à peine arqué et garni de quatre ou cinq poils spiniformes à son côté interne: ce lobe portant un palpe de deux articles; le 1er cylindrique, muni de chaque côté d'un poil spinosule obliquement dirigé; le dernier, conique pourvu d'un poil terminal.

Pièce sous-céphalique convexe; d'un rouge de cuir; rayée d'un sillon médiaire élargi en devant. *Menton* plus long que large, parallèle, limité de chaque côté par un sillon, rayé de trois courtes stries longitudinales près de son bord antérieur; suivi d'une lèvre très-courte, souvent peu distincte, portant deux pièces palpigères accolées, garnies chacune d'un poil.

Palpes labiaux divergents; de deux articles: le 1er muni de chaque côté, près de son extrémité, d'un long poil dirigé de côté: le 2e un peu plus long, subcylindrique à la base, puis terminé en cône; muni près de sa base d'un poil dirigé en avant.

Languette charnue, longuement ciliée sur les côtés.

Antennes insérées en dessus, un peu après la base des mandibules; prolongées jusqu'aux deux tiers de la longueur de celles-ci; de quatre articles: les deux premiers, d'un roux testacé: les deux derniers, noirs: le 1er, un peu plus élargi d'arrière en avant, une fois plus long qu'il n'est large à l'extrémité, planiuscule en dessus, subconvexe en dessous, garni de longs cils sur les côtés, surtout à l'interne: le 2e article un peu plus long que le 1er, subcylindrique, garni de poils de chaque côté : le 3e étroit, subcylindrique, à peine plus long que la moitié du précédent, muni d'un poil à son angle antéro-interne : le 4e, cylindrique, un peu plus étroit que le 3e, muni de deux poils à l'extrémité.

Ocelles au nombre de quatre : deux, gros, saillants, semi-globuleux, situés sur les côtés du front, séparés par un tubercule portant trois poils : le 4e ocelle, petit, situé en dessous, au niveau de l'ocelle latéral antérieur : le 3e à égale distance de ceux-ci, mais un peu plus avancé.

Prothorax d'un brun jaunâtre, un peu arqué en devant sur les deux tiers médiaires de son bord antérieur, et sinué près de chaque angle antérieur : chacun de ces angles avancé en forme de dent obtuse et muni de deux poils : le prothorax subparallèle sur la moitié antérieure de ses côtés, arrondi à ses angles postérieurs, tronqué à la base; au moins aussi long sur sa ligne médiane qu'il est large à ses angles de devant; légèrement rebordé et cilié sur les côtés et à la base; peu convexe en dessus; rayé d'une ligne longitudinale médiaire; creusé d'un sillon profond naissant du côté interne de chaque sinuosité du bord antérieur et obliquement prolongé en arrière jusque vers la moitié de la longueur du segment, près de la ligne médiane que chacun de ces sillons n'atteint pas : chacun de ceux-ci formant avec son pareil presque un demi-cercle dirigé en arrière et interrompu sur la ligne médiane; le prothorax horizontal formant presque un angle droit avec le mésothorax, abaissé et séparé de ce dernier par un cou destiné à faciliter les mouvements du premier segment thoracique.

Mésothorax d'un blanc jaunâtre; un peu moins long que large, parcheminé, subarrondi aux angles de devant et moins sensiblement aux postérieurs; cilié latéralement; peu convexe; non rayé d'une ligne médiane; creusé de chaque côté de celle-ci de deux légères fossettes parfois unies en un sillon.

Métathorax de la couleur du mésothorax; tronqué en devant et à la base, presque carré, légèrement arqué latéralement; cilié et faiblement rebordé sur les côtés et à la base; parcheminé, peu convexe; rayé d'une fine ligne médiane; creusé d'une fossette de chaque côté de celle-ci, vers la moitié de sa longueur; rayé d'une ligne transverse au devant de son rebord postérieur.

Segments abdominaux d'un blanc très-pur : les quatre premiers parallèles : le premier à peine plus grand que le tiers du métathorax; les trois suivants moins courts; tous rayés d'une ligne médiane, et d'un sillon plus profond au côté interne du bourrelet latéral; convexes; à surface inégale; creusée de chaque côté de la ligne médiane d'une fossette, paraissant souvent formée d'une réunion de petites fossettes, et hérissées de quelques poils : le 5e arceau dorsal chargé d'un mammelon graduellement saillant d'avant en arrière, d'un blanc pur avec la partie postérieure noirâtre; abruptement déclive et hérissé de poils noirs et spiniformes redressés, à sa partie postérieure; armé au devant de cette partie postérieure de quatre épines noires, dirigées en devant : les deux internes près d'une fois plus courtes que les externes; rayé entre ces épines médiaires de trois sillons longitudinaux. 6e, 7e et 8e arceaux abdominaux, presque égaux, sans saillie, rayés d'un sillon médiaire et d'un autre au côté interne du bourrelet latéral; d'un blanc flavescent, avec le bord postérieur des 6e et 7e noirâtre; hérissés de quelques poils; le neuvième arceau plus court, un peu rétréci d'avant en arrière; sans sillon sur sa ligne médiane; hérissé de quelques poils : ce neuvième arceau suivi d'un anus tubuleux paraissant constituer un dixième arceau dorsal; anus ovalaire, armé dans son pourtour d'une couronne de poils bruns et spiniformes.

Dessous du corps d'un blanc flavescent, peu convexe; hérissé de quelques poils flexibles sur les huit premiers arceaux de l'abdomen; le 9e brun et garni de poils plus raides, et dirigés en arrière pour faciliter les mouvements en avant de la larve ou pour la soutenir dans son état de repos, conjointement avec ceux de la région anale.

Pieds d'un blanc jaunâtre; disposés par paires sous chacun des arceaux thoraciques; composés d'une hanche, en cone tronqué, garnie de poils sur les côtés; d'une trochanter; d'une cuisse allongée, ciliée en dessous; d'une jambe courte, à peine égale au quart de la longueur de la cuisse, d'un tarse court, terminé par deux appendices filiformes.

Stigmates au nombre de neuf paires : la 1re située près du bord postérieur de l'antépectus, sous le bourrelet latéral; chacune des autres située sur chacun des huit premiers segments de l'abdomen, au dessus du bourrelet latéral.

Cette larve habite le bord des marais salés, au pied de la petite berge qui en dessine le contour. Elle s'y creuse des trous cylindriques, de vingt-cinq à cinquante centimètres de profondeur; elle se tient cachée au fond de cette retraite, quand elle a fait un repas suffisant pour lui permettre de rester en repos, sans songer à s'occuper des moyens de chercher sa nourriture. Mais, dès que le travail digestif s'approche de sa fin, elle grimpe au sommet de sa galerie verticale et en bouche, avec sa tête, l'ouverture à fleur du sol. Le mammelon rétractile et armé de poils raides et redressés dont le dos de son abdomen est chargé; la région anale de l'extrémité de son corps, garnie d'une couronne de poils et paraissant jouir de la faculté de produire l'effet d'une ventouse, ses pattes, enfin, contribuent à lui permettre de rester cramponnée dans cette sorte de tuyau, comme un petit ramoneur dans une cheminée, et de conserver longtemps cette position difficile. Là, elle attend avec patience que le destin lui envoie quelque proie. Si un Bembidion, un Anthicide ou tout autre petit habitant hexapode de ces plages salées vient en trottinant sur ces lieux à passer sur la tête mobile de notre petit ogre, ses mandibules alertes et redressées saisissent aussitôt le malheureux entre leurs serres redoutables, et la larve redescend aussitôt dans le fond de son repaire pour se nourrir en paix de sa victime. On trouve souvent dans le fond de cette sorte de puits, comme dans le charnier des mammifères carnassiers, les restes des animaux qui ont servi à assouvir leur faim.

Geoffroy a indiqué le moyen le plus facile pour s'emparer de ces larves. Il faut enfoncer une paille ou un brin de jonc pour avoir un guide dans sa recherche, jusqu'à ce qu'on ait mis l'animal à découvert. Quelquefois, la larve saisit le jonc avec ses mandibules et se laisse ainsi remonter jusqu'à la surface du sol, mais dès qu'elle voit le jour ou le chasseur son ennemi, elle se laisse retomber au fond de son puits. Mais il est facile de déjouer sa ruse si, avant de lui donner le temps de se laisser couler, on enfonce dans la terre un couteau au-dessous d'elle; on lui coupe ainsi la retraite et l'on s'en empare sans peine.

Cette larve n'est pas rare dans les salines des environs de Carthagène (Espagne) et dans celles des environs d'Oran (Algérie.)

Elle se change en nymphe vers la fin du printemps. L'insecte parfait paraît à la fin de juin. Il sort de terre, le matin, au lever du soleil.

Cicindela maura, Linné.

La *Cicindela maura* est une espèce méridionale. On la trouve dans quelques parties de nos provinces les plus chaudes, mais elle habite plus particulièrement l'Espagne, l'Italie, la Sicile et le nord de l'Afrique.

Sa larve vit, comme l'insecte parfait, sur le bord des ruisseaux et des marécages d'eau douce, jamais près des étangs salés. Elle choisit de préférence, pour s'y établir, le pied des berges argileuses, et y creuse un puits de 10 à 15 centimètres de profondeur. Ses habitudes sont analogues à celles des autres espèces de ce genre: elle se tient cramponnée et immobile dans cette galerie verticale, en bouchant avec sa tête, dont le front est couvert de poussière, l'entrée de son repaire. L'un de nous a pris cette larve, en assez grand nombre, au mois de février 1871, dans les environs d'Oran (Algérie).

Voici la description de cette larve:

Larve *hexapode; allongée; subparallèle; peu convexe; composée, outre la tête, de douze segments. Tête d'un vert métallique; enchassée dans le prothorax par une sorte de col très-court et peu apparent. Mandibules saillantes, arquées, relevées, armées d'une dent subbasilaire interne. Mâchoires à deux palpes Antennes de quatre articles. Ocelles au nombre de quatre. Prothorax séparé du mésothorax par un nodule; d'un brun luisant, ainsi que les deux arceaux suivants. Abdomen d'un blanç pur, chargé d'un mammelon sur le 5e arceau dorsal. Anus tubuleux.*

Long. 0,0160 (7 1/4); — larg. 0,0026 (1·2/5).

Tête enchassée dans le prothorax par la moitié médiaire de sa partie postérieure, c'est-à-dire par une sorte de cou très-court; un peu isolée du segment prothoracique sur les côtés de sa base; d'un vert métallique foncé, et garnie de quelques poils sur sa partie supérieure; concave, avec les côtés relevés; plane sur sa partie médiane et rayée d'un sillon longitudinal de chaque côté de cette partie aplanie; offrant à son bord postérieur un angle dirigé en arrière à l'extrémité de cette partie aplanie et un angle rentrant de chaque côté de la base de cette partie anguleuse; à épistome et labre indistinctement limités : le labre relevé et un peu arqué en devant.

Mandibules saillantes au delà du labre; cornées; relevées; très-arquées et se croisant dans leurs mouvements de rapprochement; armées d'une dent vers le tiers basilaire de leur côté interne, puis graduellement rétrécies d'arrière en avant et terminées en pointe.

Mâchoires libres; d'un rouge testacé; formées : 1° d'une pièce cardinale comprimée, dirigée en dehors, presque aussi longues que toutes les pièces suivantes, hérissée de quelques poils : 2° d'une pièce basilaire assez courte, comprimée, élargie d'arrière en avant, garnie de poils des deux côtés; terminée à son angle antéro-externe par un palpe de trois articles; les deux premiers presque égaux; le dernier, conique, plus long que chacun des précédents; terminée à son angle antéro-interne par une sorte de lobe peu renflé, hérissé de poils un peu raides à son côté interne, suivi d'une pièce palpiforme de deux articles peu distinctement séparés et garnis de poils raides.

Pièce sous-céphalique grande; convexe; d'un roux flavescent ou d'un roux testacé, lisse, profondément divisée sur sa ligne médiane par un sillon naissant du bord postérieur, non avancé jusqu'à l'antérieur, bifurqué en devant et enclosant, dans sa bifurcation, une petite saillie cordiforme.

Lèvre supportée par un menton en carré un peu plus large que long, soudé à la plaque sous-céphalique; ce menton portant deux pièces palpigères, accolées l'une contre l'autre et terminées chacune par un palpe de deux articles, garni de quelques poils : le dernier ovalo-conique ou subfusiforme; ce menton terminé, à son bord antéro-interne, par une *languette* charnue, carrée, ciliée en devant et sur les côtés.

Antennes insérées sur les côtés de la tête, après la base des mandibules, sous l'angle antéro-externe de l'épistome; d'un roux testacé; garnies de poils; un peu plus longuement prolongées que la moitié des mandibules, de quatre articles : les deux premiers plus gros et presque égaux; les deux autres, graduellement plus courts et d'un diamètre plus étroit.

Ocelles au nombre de quatre, savoir : deux, gros, situés l'un après l'autre; un peu plus en dessus que la base des antennes, séparés par deux points tubuleux portant chacun un poil : le 4e, le plus petit, situé aussi avant que le premier des précédents, mais sous la partie inférieure de la tête; le 3e un peu moins petit que le 4e , situé derrière la base des antennes, à égale distance des 1er et 3e, mais un peu plus avant qu'eux.

Prothorax d'un brun luisant; une fois plus large à son bord antérieur que long sur sa ligne médiane; un peu arqué en devant et cilié sur la moitié médiaire de son bord antérieur et sinué près de chacun des angles latéraux qui sont un peu avancés; subparallèle sur la moitié antérieure de ses côtés, arrondi postérieurement; rayé d'une ligne médiane; à surface très-peu convexe et inégale.

Méso et métathorax membraneux sur les côtés et postérieurement; à peine convexes et chargés chacun en dessus d'une plaque d'un brun luisant, inégale, offrant deux courts sillons de chaque côté de la ligne médiane: le mésothorax uni au prothorax par un nodule, arqué sur les côtés: le métathorax à côtés plus parallèles.

Arceaux de l'abdomen membraneux, d'un blanc pur: les 1er, 2e, 3e, 4e, 6e, 7e et 8e garnis chacun de quatre petites plaques cornées: les deux voisines de la ligne médiane en ovale transverse: chacune des latérales une fois plus longue que large: le 5e transversalement convexe; chargé de deux mammelons, hérissés à leur bord postérieur d'une demi-couronne de poils spiniformes courts et relevés; chargés chacun de deux appendices subcylindriques, rétractiles , terminés chacun par des poils raides: le 9e arceau abdominal subparallèle sur les côtés, hérissé de poils surtout à ses angles postérieurs.

Anus tubulaire, creusé d'un sillon sur le milieu de sa partie postérieure.

Dessous du corps blanc, membraneux; planiuscule sur la partie thoracique, peu convexe sur la partie abdominale; chargé sur les arceaux de celle-ci de dix plaques cornées; les deux médianes transverses: la postérieure souvent divisée en deux: les latérales longitudinales; les internes de celles-ci de moitié plus courtes que les externes.

Pieds disposés par paires sous chacun des arceaux pectoraux; composés chacun d'une hanche plus grosse, libre, mobile dans sa direction, aussi longue que le trochanter et la cuisse réunis: garnis en dessous de poils spinosules; d'un tibia court et épineux; d'un tarse plus court et terminé par deux ongles.

Stigmates au nombre de neuf paires: la 1re, derrière la hanche près du bord postérieur de l'antépectus: les autres sur les parties latérales du dos de chacun des huit premiers segments de l'abdomen.

Obs. Les mâchoires des Cicindelètes sont composées de pièces qui ont donné lieu à des interprétations diverses. Dans notre opinion, elles sont formées: 1° d'une pièce cardinale obliquement dirigée en dehors: 2° d'une pièce basilaire: 3° d'un lobe maxillaire constituant la mâchoire proprement dite: 4° de deux palpes maxillaires.

La pièce basilaire se termine à la naissance du palpe externe, et ce palpe composé de trois articles est inséré, non vers le milieu externe de sa longueur, mais sur son angle antéro-externe, comme chez l'insecte parfait (1). Le lobe maxillaire, ou la mâchoire proprement dite, est soudé à la pièce basilaire à laquelle il fait suite: ce lobe est muni à son côté interne de poils raides ou spinosules, comme celui de l'insecte dans son dernier état. Il est suivi d'un palpe de deux articles, représentant le palpe interne.

Chez les larves de Cicindelètes que nous avons eu l'occasion d'examiner, le palpe maxillaire externe se prolonge moins en avant que le lobe interne: c'est généralement le contraire chez les larves des Carabides.

CARABIDES

Nebria rubicunda, Quensel

Le genre *Nebria* est assez nombreux en espèce, et cependant peu de larves de ces insectes sont connues.

---

(1) En regardant ces pièces contre une vive lumière, on voit ordinairement la trace transversale qui sert à indiquer les limites de la pièce basilaire et la base du lobe maxillaire.

Celle de la *Nebria rubicunda* se trouve assez communément, avec l'insecte parfait, dans les environs de Philippeville (Algérie). Elle se plaît dans des couches schisteuses baignées par des sources.

En voici la description :

LARVE *hexapode; allongée; graduellement et faiblement élargie jusque vers la moitié de sa longueur, rétrécie ensuite jusqu'à l'extrémité; peu convexe; formée outre la tête de douze segments; en majeure partie d'un blanc flavescent. Tête séparée du prothorax par un cou; munie en devant de quatre pointes sur la partie antérieure représentant le labre, mandibules très-saillantes, armées d'une forte dent arquée, près de leur partie basilaire interne. Mâchoires à deux palpes. Antennes de quatre articles. Ocelles au nombre de six, disposés sur deux rangées. Arceaux du dos, écussonnés, séparés les uns des autres par un sillon profond: le dernier portant deux longs appendices sétacés, garnis de poils. Anus tubuleux.*

Long. 0,0140 (6 l. 1/4). — Soies terminales 0,0078 (3 l. 1/2).

Larg. 0,0026 (1 1/5) sur le prothorax 0,0042 (1 7/8) vers le milieu du corps.

Tête un peu plus longue que large; planiuscule, subparallèle, sur la moitié antérieure de ses côtés, arrondie postérieurement; séparée du prothorax par un cou; médiocrement convexe en dessus; d'un blanc flavescent; rayée à partir du milieu de son bord postérieur d'une ligne médiane avancée jusqu'aux deux cinquièmes postérieurs, où elle se bifurque en ligne courbe; marquée sur chacune de ces bifurcations, au niveau des ocelles postérieurs, d'une fossette ovalaire, brunâtre; sans suture frontale ni épistomale; mais paraissant offrir les limites de la région épistomale au niveau de la base des antennes; parée de deux taches d'un blond fauve sur cette région. Bord antérieur de la tête obtusément arqué en devant, un peu crénelé, creusé d'un sillon près de la base des antennes; chargé sur le milieu de sa partie antérieure d'une pièce paraissant représenter le labre, armée en devant de quatre pointes, dont les médianes plus longues.

Mandibules aussi longues que les deux tiers de la tête, très-saillantes au devant de la partie antérieure de celle-ci; fortes, cornées, arquées;

armées, vers le tiers basilaire de leur côté interne, d'une dent longue et arquée, puis graduellement rétrécies en pointe.

Mâchoires libres; formées d'une pièce cardinale courte; d'une pièce basilaire près de deux fois plus longue que large, munie à son angle antéro-externe d'un palpe externe de quatre articles: le 1er court: les 2 suivants graduellement moins courts: le dernier articulé, près d'une fois plus long que le 3e: la pièce basilaire suivie d'une pièce très-courte représentant la mâchoire proprement dite, armée à son extrémité d'une petite épine, dirigée transversalement en dedans.

Mâchoire portant à son extrémité un palpe de deux articles, moins prolongé en avant que le lobe externe.

Plaque sous-céphalique médiocrement convexe; garnie de poils peu nombreux sur les côtés; rayée à partir de son bord postérieur d'un sillon médiaire avancé jusqu'à la moitié de la longueur, où il offre un petit point tuberculeux, bifurqué à partir de ce point. *Menton* en parallélogramme transverse. *Pièces palpigères* soudées à la base, offrant entre elles une saillie triangulaire ou sorte de languette. *Palpes labiaux* de deux articles: le dernier, aciculé, le plus long.

Antennes insérées sur les côtés de la tête entre la base des mandibules et les ocelles; aussi longuement avancées que les trois quarts des mandibules; de 4 articles: les trois premiers cylindriques, graduellement et à peine plus étroits: le 1er une fois et demie plus long que large: le 2e, une fois plus long que large: le 3e, plus grand que le 1er, émettant un poil de chaque côté vers les deux tiers de sa longueur, et paraissant presque divisé dans ce point en deux anneaux: le dernier le plus grêle et le plus court, terminé par deux ou trois poils divergents.

Ocelles situés après les antennes, sur les côtés de la tête, sur une tache noire, et disposés sur deux rangées composées de trois ocelles chacune.

Segments thoraciques peu convexes, plus grands que les autres; rayés d'une ligne médiane légère, prolongée d'une manière plus prononcée sur les huit premiers segments abdominaux.

Prothorax presque orbiculaire: un peu anguleusement avancé dans le milieu de son bord antérieur; garni de quelques cils sur les côtés; chargé en dessous d'une plaque coriace, couvrant presque toute sa surface, blanche ou d'un blanc flavescent, parée d'une bordure brune dans sa périphérie et sur sa ligne médiane ; offrant de chaque côté de celle-ci deux courts sillons longitudinaux.

Mésothorax et *métathorax* moins longs, en ovale transverse, couverts d'une plaque et marque de dépressions semblables.

Segments abdominaux séparés par des sillons moins prononcés que les thoraciques : les huit premiers presque égaux en longueur, trois fois environ aussi larges que longs; offrant chacun une sorte de plaque transverse, dont les limites sont indiquées par un filet linéaire en relief; offrant sur cette plaque, de chaque côté de la raie médiane, un tubercule et plus extérieurement une fossette; chargés chacun sur les côtés de leur partie dorsale d'un petit relief ovalaire, constituant le bourrelet latéral: le dernier arceau, plus étroit, en parallélogramme transverse, portant deux appendices filiformes, blancs, garnis de longs poils, paraissant presque articulés, presque aussi longs chacun que les six derniers segments de l'abdomen. *Région anale* en forme de tube allongé, terminé par quatre renflements tuberculeux.

Pieds assez allongés; blancs, hérissés de poils; composés d'une hanche forte; d'un trochanter; d'une cuisse plus longue que la hanche; d'un tibia un peu plus court que la hanche; d'un tarse grêle, plus long que le tibia, et terminé par des ongles grêles.

Stigmates au nombre de neuf paires: la 1re sur les côtés de l'intersection servant à séparer le médipectus de l'antépectus: les huit autres paires sur les bourrelets latéraux de chacun des huit premiers anneaux de l'abdomen.

Scarites arenarius, Bonelli.

Larve *hexapode allongée ; subparallèle; peu convexe ou subplaniuscule ; composée outre la tête de douze segments ; subparallèle depuis la tête jusqu'au métathorax, faiblement plus large sur les deux ou trois anneaux suivants, graduellement et faiblement rétrécie à partir du 3e segment de l'abdomen, et plus sensiblement sur le dernier. Tête brune, planiuscule, presque carrée, rayée d'une raie transversale vers les cinq sixièmes de sa longueur. Mandibules avancées, faiblement arquées, armées d'une dent subbasilaire à leur côté interne. Mâchoires à deux palpes. Antennes de quatre articles. Ocelles au nombre de six, sur deux rangées transversales. Anneaux thoraciques et abdominaux d'un brun noir, cornés : les abdominaux rayés d'une ligne médiane : le dernier portant deux appendices triarticulés. Anus tubuleux.*

Long. 0,0250 (11 l. 1/2) ; — larg. 0,0025 (1 l. 1/8).

Les Scarites sont des coléoptères carnassiers, remarquables sous plus d'un rapport. Ils ont généralement une assez grande taille ; le corps un peu aplati ; le prothorax arrondi postérieurement, séparé de l'abdomen par une sorte de pédicule ; les jambes souvent larges et palmées et fortement échancrées à leur côté interne. Ils se plaisent sur les plages maritimes ou sur les bords des étangs salés. Trois espèces de ce genre se trouvent en Languedoc. Le *S. gigas* fréquente les dunes ou monticules de sables voisins de la Méditerranée ; le *lævigatus* ne s'éloigne pas de la plage marine ; l'*arenarius* recherche des bords arénacés de nos marais salés.

Quoique ces insectes ne soient pas bien rares, leurs larves étaient encore inconnues, il y a peu d'années, quand celle du *Sc. lævigatus* a été décrite et figurée en 1867, par M. Schiodte (1).

LARVE *hexapode ; formée outre la tête de douze segments ; allongée, peu convexe ou subplaniuscule en dessus ; subparallèle depuis la tête jusqu'au métathorax, faiblement plus large sur les 1er et 2e segments de l'abdomen, puis graduellement et faiblement rétrécie du 3e au 8e anneau abdominal, et plus sensiblement sur le dernier : celui-ci portant deux appendices divergents dirigés en arrière.*

Tête en carré un peu plus long que large ; aussi large que le prothorax ; cornée ; brune ; planiuscule ou à peine convexe sur la partie frontale ; marquée d'une petite pièce triangulaire dans le milieu de son bord postérieur ; rayée, vers les cinq sixièmes de sa longueur, d'une raie transversale, et, de chaque côté, d'une raie longitudinale, nais-

---

(1) *De metamorphosi Eleutheratorum observationes* (Naturhist. Tidsskrift édité par M. Schiodte, 3e série, t. IV. 3e cahier p. 496. pl. 18, fig. 10.)

sant vers l'angle postéro-interne des mandibules et prolongée jusqu'à la raie transversale précitée; déprimée sur sa partie médiane antérieure, avec les côtés de celle-ci relevés : la partie déprimée limitée de chaque côté par un sillon longitudinal naissant à l'angle postéro-interne des mâchoires et prolongé jusqu'à la moitié de la région frontale. *Epistome* peu distinctement séparé du front et du labre : ces deux parties légèrement rayées d'un sillon longitudinal médiaire : le labre obtusément arqué en avant.

Mandibules aussi longues que les trois quarts de la tête; cornées; faiblement arquées; d'un rouge brun; armées d'une dent vers le tiers postérieur de leur côté interne, puis, graduellement rétrécies et terminées en pointe en devant.

Mâchoires libres; d'un rouge rose, cornées; à pièce cardinale peu distincte; à pièce basilaire aussi longue que les deux tiers des mandibules, déprimée, de largeur égale sur toute sa longueur, un peu arquée en dehors; ciliée à son bord interne. Mâchoire proprement dite soudée à la pièce basilaire, dont elle semble faire partie, une fois au moins plus courte qu'elle, munie d'un ou de deux longs poils à son côté interne, portant à son extrémité deux palpes : l'interne de deux articles graduellement plus étroits : l'externe près d'une fois plus long; de quatre articles : les trois premiers graduellement un peu plus étroits; le 1er plus court : les 2e et 3e presque égaux en longueur : le 4e grêle et rès-court.

Pièce prébasilaire d'un brun noir, cornée, faiblement convexe; rayée près de chacun de ses côtés d'un sillon longitudinal aboutissant en devant à chaque mandibule, et d'un sillon médiaire; menton allongé, élargi d'arrière en avant; *lèvre* d'un rouge rose, presque carrée, portant deux pièces palpigères, accolées, noueuses à leur extrémité, après laquelle se montre une languette, submembraneuse, graduellement rétrécie, ciliée postérieurement sur les côtés; *palpes labiaux* de deux articles : le 1er de deux tiers plus grand que le 2e.

Antennes insérées près de l'angle postéro-externe des mandibules; à peu près aussi longuement prolongées que celles-ci ; de quatre articles ; le 1er cylindrique, à peine plus grand que le quart du 2e : celui-ci cylindrique, muni d'un poil vers le milieu de son côté externe; le 3e à peine égal à la moitié du précédent, arqué ou subanguleusement élargi dans le milieu de son côté externe, muni d'un poil dans cette partie anguleuse et d'un autre à son angle antéro-externe : le dernier à peine plus grand que les deux cinquièmes du précédent, grêle, cylindrique, un peu obliquement dirigé en dehors, terminé par un poil. *Ocelles* au nombre de six, situés après les antennes, sur deux rangées transversales.

Dessus du corps peu convexe ; rayé d'une ligne médiane prolongée depuis le bord antérieur du prothorax jusqu'à l'extrémité de l'avant dernier arceau abdominal.

Anneaux thoraciques de largeur presque égale ; le prothorax corné, d'un brun noir ; un peu plus long que large, offrant à son bord antérieur une sorte de bande transversale formée de fines stries longitudinales, lisse sur le reste : le mésothorax, aussi long que les trois cinquièmes du précédent, de même couleur, corné et lisse en dessus ; rayé très-près de son bord antérieur d'une ligne transverse : la partie cornée un peu rétrécie postérieurement sur les côtés par une membrane munie d'une pièce cornée triangulaire ; le métathorax conformé comme le mésothorax, un peu moins court, mais rayé d'une ligne transversale vers le sixième antérieur de sa longueur.

Segments abdominaux bruns ou d'un brun noir, cornés en dessus, membraneux et d'un blanc sale aux intersections et sur les côtés, où ils se trouvent chargés chacun d'une pièce cornée formant le bourrelet latéral ; rayés d'une ligne transversale près de leur bord antérieur ; creusés chacun de deux fossettes près du bord latéral de leur plaque cornée ; hérissés de poils clairsemés : le dernier arceau terminé par deux appendices divergents, près d'une fois plus longs que lui, et semblant formés chacun de trois articles : le 1er au moins une fois plus long que le 2e : le dernier paraissant offrir à sa base un article court, presque confondu avec lui : ce dernier au moins aussi long que tous les précédents réunis.

Dessous du corps plan et membraneux sur la partie pectorale ; peu convexe ou subplaniuscule sur la partie abdominale : les 8 premiers arceaux de l'abdomen en partie membraneux et d'un blanc flavescent, chargés chacun de six plaques cornées brunâtres : une longitudinale près de chaque bord latéral, presque de la longueur de l'arceau : une de moitié plus courte, longitudinale, située au côté interne de la précédente : deux transverses, sur la région médiane : l'antérieure une fois plus grande que la postérieure : dernier arceau couvert d'une plaque unique. *Région anale* prolongée en un tube cylindrique, dont l'extrémité est munie de saillies paraissant rétractiles.

Pieds cornés; peu allongés; formés d'une hanche robuste, perpendiculaire, garnie de cils; d'un trochanter et d'une cuisse dirigés latéralement et hérissés en dessous de petites épines; d'un tibia court, terminé par une couronne de poils spiniformes; d'un tarse de moitié plus long que la jambe, grêle, cylindrique, inerme, terminé par deux ongles grêles.

Cette larve se trouve avec l'insecte parfait sous les tas de fucus abondants sur les bords de la mer. Elle fuit ordinairement le grand jour; mais elle profite de la nuit et de la fraîcheur du matin pour chercher sa proie. Elle court avec une agilité étonnante, fuit au moindre bruit, et, grâce à la disposition de ses pattes, va presque aussi vite à reculons qu'en avant.

Elle se transforme en nymphe dans le sein de la terre.

LICINUS

Les Licines se plaisent principalement dans les chaudes contrées de l'Europe. Leurs larves sont peu connues; mais il était facile de présumer qu'elles devaient avoir les goûts carnassiers de celles des autres Carabides, et, comme celles-ci, vivre cachées au moins pendant une partie de la journée. La plupart des coléoptères carnassiers sont, comme les méchants, naturellement portés à fuir la lumière.

Le *Licinus silphoïdes* n'est pas rare dans le Languedoc. Sa larve se trouve sous les pierres, sur le bord des champs, et surtout dans les garrigues. Nous l'avons surprise dévorant de jeunes cloportes. Elle est très-agile.

Il n'est pas difficile de l'élever, en la tenant dans une caisse remplie de terre et garnie de quelques pierres ou autres objets, sous lesquels elle puisse se cacher, en lui fournissant pour nourriture des cloportes ou des larves herbivores.

Quand elle est arrivée au terme de sa grosseur, elle se construit sous la pierre sous laquelle elle se cachait, une sorte de coque dans laquelle elle passe à son second état.

Voici la description de la larve et de la nymphe :

LARVE. — *Hexapode ; allongée, offrant sa plus grande largeur du 1er au 7e arceau de l'abdomen ; un peu rétrécie du 8e au 9e arceau, et plus sensiblement du métathoracique à la tête ; de douze segments, non comprise la tête ; planiuscule ou très-peu convexe. Tête d'un jaune pâle, plane sur sa moitié postérieure, excavée sur l'antérieure ; mandibules saillantes, arquées : armées, au côté interne, d'une dent subasilaire ; mâchoires à deux lobes palpiformes, dirigées du côté interne et à un palpe maxillaire. Antennes de quatre articles ; ocelles, au nombre de six, presque circulairement disposées. Anneaux thoraciques et abdominaux rayés d'une ligne médiane : écussonnés : les thoraciques, d'un flave pâle ; les abdoninaux, d'un blanc pur, avec les plaques scutiformes et les épines latérales noires : dernier arceau abdominal muni de deux appendices cylindriques ; anus tubuleux.*

Long. 0,0150 (6 3/4). — Larg. 0,0030 à 0,0036 (1 2/5 à 1 2/8) vers la moitié de la longueur du corps.

Tête enchassée dans le prothorax ; un peu plus étroite en arrière que ce dernier à son bord antérieur ; d'un jaune ou flave pâle ; glabre ; plane sur sa moitié postérieure, excavée sur l'antérieure, avec les côtés de celle-ci relevés ; sillonnée sur sa ligne médiane, et creusée de chaque côté d'un sillon arqué vers la base des mandibules ; arquée en devant dans la partie qui semble représenter le labre.

Mandibules, notablement saillantes au-delà de la partie antérieure de la tête ; cornées, arquées, grêles, terminées en pointe ; armées d'une assez forte dent un peu avant la moitié interne de leur longueur ; denticulées finement à leur côté interne et à celui de leur dent.

Mâchoires à pièce cardinale courte ; à pièce basilaire déprimée subparallèle, presque confondue avec le lobe maxillaire, c'est-à-dire avec la mâchoire proprement dite : celle-ci ciliée à son côté interne, et terminée par une épine, portant à son extrémité deux palpes : l'interne, de deux articles : l'externe plus prolongé en avant, formé de quatre articles graduellement rétrécis : le 2e aussi long que les 1er et 3e : le dernier, court.

Antennes prolongées jusqu'à la moitié des côtés du prothorax; de quatre articles, subcylindriques, graduellement rétrécis : le 3e le plus long.

Ocelles au nombre de six, noirs, situés derrière les antennes, et disposés presque en cercle.

Menton allongé, parallèle, creusé d'une dépression transverse près de son bord antérieur. *Lèvre* transverse, échancrée ou entaillée à son bord antérieur; munie, vers le milieu de son bord, d'un ou de quelques poils; portant à chacune de ses extrémités un palpe de deux articles graduellement rétrécis, et dont le premier est le plus long.

Corps rayé, sur sa ligne médiane, d'un sillon prolongé depuis le bord antérieur de l'arceau prothoracique jusqu'à l'extrémité du 7e arceau ventral ; d'un flave pâle sur les arceaux thoraciques, d'un blanc pur sur les abdominaux, avec les plaques et les épines de ceux-ci d'un noir luisant.

Arceau prothoracique de moitié plus grand que chacun des suivants; rétréci en ligne un peu arquée d'arrière en avant; creusé d'un sillon transversal sur son tiers antérieur, légèrement convexe et ridé de chaque côté du sillon médiaire sur ses deux tiers postérieurs : les deux suivants égaux, chargés chacun d'une plaque transverse noire, cornée, creusée d'un ou de deux points près de chacun de ses côtés; munis latéralement d'une pièce longitudinale cornée.

Arceaux abdominaux en partie membraneux ; les 1er à 8e parés en dessus d'une plaque transverse, noire, cornée; un peu relevée en rebord à son côté externe, et creusée d'une fossette près de ce rebord : le 1er muni latéralement d'une pièce longitudinale subcornée : les autres armés sur la moitié antérieure d'une pièce semblable, prolongée en arrière en forme d'épine ou de dent obtuse et noire : le dernier arceau, muni sur le dos, de chaque côté de sa ligne médiane, d'un appendice presque aussi long que les trois derniers arceaux : ces appendices cylindriques, noirs, un peu relevés et divergents d'avant en arrière, formés de trois articles, dont les deux premiers sont presque égaux, et le dernier plus court : les deux premiers terminés, à leur angle antéro-externe, par une petite saillie portant un poil : ce dernier arceau terminé par un appendice tubulaire, déprimé, un peu rétréci d'avant en arrière, plus long que l'arceau et brusquement tronqué à l'extrémité.

Dessous du corps membraneux; muni sur les côtés d'une pièce subcornée, brune ou noire, une fois plus longue que large; paré sur le disque des arceaux du ventre de deux pièces transverses noires, subcornées : l'antérieure un peu plus courte : la postérieure suivie à chacune de ses extrémités d'une pièce subcornée, subarrondie ou subponctiforme.

Pieds disposés par paires sous chacun des arceaux thoraciques ; composés d'une hanche, d'un trochanter, d'une cuisse, garnie en dessous de poils spinosules assez courts, d'une jambe munie de quelques poils allongés, d'un tarse conique, terminé par deux ongles.

Anneaux thoraciques marqués de fossettes stigmatiformes noires, entourées d'une sorte de rebord ; offrant un petit stigmate près du bord antérieur du mésothorax.

Stigmates abdominaux, au nombre de huit paires, petits, situés sur chacun des huit premiers arceaux de l'abdomen près de la partie interne des pièces cornées dirigées en arrière en forme de dent.

NYMPHE. Oblongue, planiuscule sur le dos; blanche.

Tête inclinée. *Prothorax* transversal; arrondi à ses angles de devant, rétréci ensuite jusqu'aux angles postérieurs: tronqué à la base; creusé au devant de son bord postérieur, qui est relevé, d'un sillon arqué en arrière; peu convexe sur sa partie antérieure; hérissé de poils fauves assez longs près de ses angles de devant, et de quelques-uns près de son bord antérieur et sur son rebord latéral. *Mésothorax* aussi large au devant que le prothorax à son bord postérieur; transversal; creusé d'une fossette sur la partie antérieure de sa ligne médiane, et d'un sillon, obliquement longitudinal, de chaque côté de celle-ci. *Métathorax* transversal, à peine aussi long que le précédent; rayé d'un sillon médiaire profond; parsemé, comme le précédent, de quelques poils d'un roux fauve. *Abdomen* planiuscule sur le dos; paré de chaque côté de la ligne médiane, et près des côtés, de très-petits points tuberculeux, donnant naissance à un poil d'un roux fauve : les six premiers arceaux séparés entre eux par un profond sillon, et chargés chacun d'une saillie transversale convexe : les trois derniers presque noirs en dessus : le premier, sans bourrelet latéral : les 2e à 7e graduellement rétrécis, et plus sensiblement les 8e et 9e : les 2e à 7e ou 8e séparés de la partie inférieure par un bourrelet formant latéralement sur chacun d'eux un mamelon garni de petits points piligères. *Organes du vol* repliés en dessous sur les côtés de la poitrine. *Antennes*, *palpes* et *pieds* couchés sous le dessous du corps. *Tarses* terminés par les enveloppes de deux ongles.

Long. 0,0100 (4 1/2 l.); — larg. 0,0050 (2 1/2 l.) vers le 2e arceau abdominal.

M. Schiodte, dans le 3e cahier du tome IV de 3e série du *Naturhistorisk Tidsskrift* (1867), p. 414-439, a signalé les différentes modifications que présentent dans chaque genre les divers organes des larves des carnassiers terrestres, auxquelles il donne pour caractères distinctifs :

Tarsi exserti, ungulati.
Instrumenta cibaria exserta, libera, membrana articularia maxillari brevissima, cardines non excedente.
Mandibulæ retinaculo armatæ, clausæ.
Spiracula rotundata, hiantia.

STERNOXES

Coraebus.

LARVE *apode; blanche, allongée, déprimée, formée, non comprise la tête, de douze segments et d'un appendice anal; largement renflée sur le prothorax, graduellement rétrécie sur les deux anneaux suivants, subparallèle sur les huit premiers segments de l'abdomen. Tête élargie d'avant en arrière, enchâssée dans le prothorax. Mandibules fortes, saillantes, noires et peu arquées. Mâchoires à un palpe court, de deux ou trois articles. Palpes labiaux rudimentaires. Antennes très-courtes, en partie rétractiles. Ocelles indistincts.*

Long. 0,0123 (5 l. 1/2). — Larg. 0,0036 (1 l. 2/3) du prothorax 0,0019 (6/7 l.) sur les huit premiers segments de l'abdomen.

Tête engagée dans le prothorax, en partie rétractile dans ce segment; tronquée à la partie antérieure du front; élargie d'avant en arrière; déprimée, rugulosule, subcoriace; blanche ou d'un blanc flavescent. *Épistome* transverse. *Labre* membraneux en parallélogramme plus large que long.

Mandibules saillantes au-devant du labre; fortes, courtes, cornées; noires; peu arquées extérieurement; rayées d'un sillon médiaire sur la seconde moitié de leur côté externe; bidentées à l'extrémité.

Mâchoires petites; offrant une partie basilaire en partie recouverte par le menton; portant un lobe court, papilforme, et extérieurement un palpe de deux ou trois articles.

Menton transversal. *Lèvre* membraneuse, presque carrée. *Palpes labiaux* rudimentaires.

Antennes très-courtes, en partie rétractiles, formées de 3 articles, dont le premier est charnu.

Segments thoraciques graduellement plus étroits, subcoriaces; planiuscules; blancs ou d'un blanc flavescent; glabres. *Prothorax* notablement plus large que la tête; une fois et demie plus large que long; anguleusement avancé sur le front dans le milieu de son bord antérieur, arrondi sur les côtés, tronqué à la base; rayé de deux lignes naissant au milieu de son bord antérieur et divergentes d'avant en arrière; marquées de quelques autres lignes plus légères, en dehors de celles-ci. *Mésothorax* sensiblement plus étroit; plus d'une fois plus court; près de quatre fois aussi large que long; creusé d'un sillon fossette sur sa ligne médiane; légèrement ridé sur les côtés. *Métathorax* plus étroit que le précédent, de la longueur de celui-ci; marqué de légères rides.

Segments abdominaux plus étroits que le métathorax; submembraneux ou subcoriaces; blancs; garnis en dessous de légères rides: les huit premiers presque d'égale largeur: le 1er un peu plus court: les suivants presque égaux: le dernier un peu rétréci d'avant en arrière, suivi d'un appendice anal plus étroit, un peu rétréci d'avant en arrière, figurant presque un 10e anneau.

Dessous du corps presque semblable au dessus; mais sans raies divergentes sur le prothorax, sans fossette sur le mésothorax. *Segments abdominaux* offrant, vers chaque tiers de la largeur, une raie longitudinale semblant indiquer les limites du bourrelet latéral.

Pieds nuls ou non apparents.

Stigmates au nombre de neuf paires; réniformes; la 1re sur les côtés du mésothorax, près du bord antérieur de ce segment: les autres, sur les côtés de chacun des premiers arceaux du dos de l'abdomen.

FLORICOLES

Dasytes nobilis, Illiger.

Larve *hexopode; à mandibules non saillantes; à antennes courtes; en partie rétractiles; à ocelles au nombre de cinq; de douze segments non comprise la tête.* Corps *médiocrement convexe; allongé, faiblement élargi depuis la tête jusqu'à l'extrémité du prothorax, subparallèle sur les huit premiers segments de l'abdomen, rétréci sur le dernier et armé à l'extrémité de celui-ci de deux pointes recourbées; garni de poils plus nombreux sur les côtés qu'en dessus; rose, paré de taches ou de traits bruns sur les arceaux thoraciques et, sur le dernier arceau, de deux bandes longitudinales noires, aboutissant chacune à la base des pointes terminales.*

Long. 0,0070 (3 l. 1/8). — Larg. 0,0025 (1 l. 2/5) sur le prothorax 0,0039 (1 3/4) vers le milieu du corps.

Tête enchassée dans le prothorax, presque aussi large que lui; presque carrée, un peu plus large que longue, cornée, rosâtre, hérissée de poils peu rapprochés; médiocrement convexe, faiblement arquée sur les côtés; offrant sur le milieu de sa partie postérieure une petite pièce triangulaire, au devant de laquelle naissent deux lignes divergentes, dirigées chacune vers la base des antennes; tronquée à son bord frontal, en offrant sur ce bord une petite saillie brune vers chacun des angles postérieurs de l'épistome.

Epistome court, transversal. *Labre* plus étroit, transverse, arqué en devant.

Mandibules médiocrement arquées ; peu ou point saillantes au delà du labre dans l'état de repos ; un peu convexes sur leur côté externe ; d'un blond rose à la base, noires cornées et armées de trois dents à l'extrémité : la dent médiane un peu plus saillante que les latérales.

Mâchoires formées d'une pièce cardinale courte, d'une pièce basilaire forte, près d'une fois plus longue que large, un peu arquée à son côté externe. Lobe court, cilié à son extrémité et à son côté interne. *Palpes maxillaires* de trois articles, graduellement rétrécis : le 1er le plus court : le 2e le plus grand : le dernier conique.

Menton plus long que large, subparallèle sur les côtés ; rayé d'un sillon transversal. *Lèvre* courte, arquée en devant. *Palpes labiaux* de deux articles, presque égaux : le dernier conique.

Antennes situés vers la base des mandibules ; courtes ; de quatre articles, dont les deux premiers rétractiles, le 1er court ; le 2e plus grand : le 3e cylindrique, plus étroit, terminé par deux soies : le dernier grêle, cylindrique, terminé par une soie.

Ocelles au nombre de cinq : les trois premiers placés sur une tache noire, situés les uns à côtés des autres, constituant une rangée obliquement transverse : les deux autres situés derrière, chacun des deux ocelles internes précédents.

Prothorax plus large que long ; marqué, de chaque côté de la ligne médiane, d'un trait longitudinal brun ou brunâtre, raccourci à ses extrémités ; paré, entre ce trait et les côtés, de deux traits obliques, réunis à leur extrémité interne et constituant un angle très-ouvert rapproché des traits précités, vers la moitié de la longueur de ce segment. *Méso* et *métathorax* plus larges que longs ; le mésothorax presque aussi grand que le prothorax : le mésothorax plus court : l'un et l'autre parés près de la ligne médiane d'une sorte de plaque coriace, brune, un peu saillantes en forme de bande longitudinale un peu arquée du côté interne, racourcie à ses deux extrémités.

Segments abdominaux à peu près d'égale largeur jusqu'à l'extrémité du 8e; rayés sur le milieu du dos d'une ligne transverse, raccourcie à ses extrémités: les trois ou quatre premiers un peu moins grands que le mésothoracique: les quatre suivants graduellement un peu plus courts: les trois premiers offrant sur les côtés une pièce triangulaire parfois peu distincte: les suivants jusqu'au 8e chargés sur les côtés d'une pièce suborbiculaire, un peu saillante, constituant l'espèce de bourrelet latéral séparant la partie dorsale de l'inférieure: le 9e ou dernier, rétréci en ligne courbe; paré, depuis sa base, de deux bandes longitudinales noires, aboutissant chacune à une pointe prolongée en arrière et sensiblement recourbée. Fente anale transverse, située vers la moitié postérieure de la partie inférieure du dernier arceau.

Dessous du corps de la couleur du dessus; peu convexe; presque glabre; marqué sur les arceaux abdominaux de deux sillons obliquement dirigés d'avant en arrière, de dehors en dedans, ordinairement unis sur le milieu de l'arceau par une raie transverse plus moins apparente.

Pieds insérés par paires sous chacun des arceaux de la poitrine; de longueur médiocre; formés d'une hanche courte; d'un trochanter et d'une cuisse allongée, forte; d'un tibia, presque aussi long que la cuisse, graduellement rétréci d'arrière en avant, cilié en dessus; d'un tarse court, armé d'un ongle assez long et aigu.

Stigmates au nombre de neuf paires: la 1re sur les côtés du médipectus, près du bord antérieur de cet arceau: chacune des suivantes sur les côtés des huit premiers arceaux de l'abdomen.

Cette larve, avant de se changer en nymphe, se creuse dans le végétal, théâtre de ses chasses, une retraite dans laquelle elle se transforme en nymphe.

Voici la description de celle-ci:

Nymphe allongée; blanche. *Tête* inclinée. *Antennes* couchées sur les côtés du prothorax, en passant sur l'extrémité des cuisses antérieures et intermédiaires, après lesquelles elles se terminent. *Prothorax* grand, convexe; arqué sur les côtés; tronqué à la base, et presque tronqué ou à peine arqué à son bord antérieur. *Mésothorax* réduit sur la partie médiane du corps à une pièce carrée; voilé sur les côtés par les élytres inclinées postérieurement sur les côtés du corps. *Métathorax* transversal, comme formé de deux plaques séparées par un sillon médiaire rétréci d'avant en arrière. *Abdomen* formé de neuf segments apparents, séparés sur les côtés par une sorte de sillon ruguleux : les sept premiers du dos, convexes, garnis de quelques poils vers le bord postérieur : les deux derniers graduellement rétrécis, presque confondus : le dernier terminé par deux pointes et garni de longs poils destinés à favoriser les changements de position de la nymphe. *Cuisses* obliquement un peu dirigées en avant de chaque côté. *Tarses* étendus longitudinalement près de la ligne médiane du corps.

Quand elle approche de sa dernière transformation, la tête, le prothorax, les genoux, les tarses et le bord postérieur des derniers arceaux du ventre sont les premières parties à se colorer.

LATIGÈNES

Phylax littoralis. Mulsant.

Les larves de nos Latigènes, dont celles des Akis, des Blaps, des Ténébrions peuvent donner une idée, sont généralement faciles à reconnaître à leur corps allongé, presque cylindrique, revêtu d'une enveloppe cornée, souvent d'une couleur blonde ou d'une teinte rapprochée.

Celle des Phylax, qui n'était pas connue, vient confirmer les relations qui existent entre les insectes de ce genre et ceux des autres genres que nous venons de citer.

En voici la description :

Larve *hexapode, allongée, semi-cylindrique ; composée, outre la tête, de douze segments ; à mandibules non saillantes ; à antennes assez longues de quatre articles ; blonde, à dernier segment abdominal conique, muni de quatre petites pointes et garni de poils à son extrémité.*

Tête enchassée dans le prothorax ; à peu près aussi large que lui ; convexe ; cornée ; une fois plus longue que large ; ciliée sur les côtés ; d'un blanc livide, parée sur sa partie postérieure d'une tache d'un blond rougeâtre, divisée en quatre branches un peu divergentes, une fois plus longues que larges, non avancées jusqu'au bord frontal : ce bord tronqué en devant, un peu saillant et noirâtre vers les angles postérieurs à l'épistome ; marqué de deux petits traits noirs et transverses : l'un, vers le bord antéro-externe de la tête ; l'autre, un peu après.

Epistome corné, transversal, d'un blond livide. *Labre* corné plus étroit, arqué et cilié en devant.

Mandibules peu ou point saillantes au devant du labre dans l'état de repos ; fortes, arquées ; noires et également bidentées à l'extrémité ; munies d'une molaire basilaire.

Mâchoires formées : 1° d'une pièce cardinale courte, transversalement dirigée, unie à son côté interne à une petite pièce subarrondie ou brièvement ovalaire longitudinalement, accolée sur le point latéral de l'union du menton et de la lèvre ; 2° d'une pièce basilaire courte : celle-ci portant, à son angle antéro-interne, un lobe armé à son côté interne de poils spiniformes ; portant à son angle antéro-externe un palpe plus longuement avancé que le lobe maxillaire, arqué, de trois articles subgraduellement rétrécis : le 1er un peu moins long que le 2e : le 3e plus étroit, conique.

Menton trapézoïde, rétréci d'arrière en avant, tronqué à son bord antérieur. *Lèvre* presque carrée, portant deux pièces palpigères, terminée chacune par un palpe de deux articles, et munie d'une petite languette charnue.

Antennes insérées après la base des mandibules ; aussi longuement prolongées que celles-ci quand elles sont ouvertes ; de quatre articles : le basilaire annuliforme, plus large, court : le 2e cylindrique, une fois plus long que le 3e : celui-ci, plus large que long : le dernier grêle, aciculé, muni d'une soie terminale.

Segments thoraciques presque semblables ; cornés, blonds, avec le bord postérieur offrant une sorte de bande transverse brunâtre ; rayés d'une faible ligne médiane ; le prothoracique presque aussi long que les deux suivants réunis.

Segments abdominaux de la couleur des thoraciques : les huit premiers d'égale largeur : les 1er et 2e rayés d'une faible ligne médiane : les autres presque sans traces de cette ligne : le 9e rétréci en cône obtus, hérissé de quelques poils longs et assez doux; muni à son extrémité de quatre petites pointes noires: ce segment hérissé en dessous de poils longs et peu rapprochés. Fente anale transverse, située en dessous près du bord postérieur du 8e arceau ventral. Arceaux du dessus du corps repliés en dessous et séparés de ceux du dessous par un sillon longitudinal.

Dessous du corps blond; planiuscule sur la poitrine, subconvexe sur le ventre.

Pieds un peu courts; blonds; formés d'une hanche allongée, garnie de quelques poils; d'un trochanter et d'une cuisse garnie en dessous de poils spinosules, d'un tibia rétréci d'arrière en avant et garni en dessous de poils spinosules; d'un tarse court, terminé par un ongle.

Stigmates au nombre de neuf paires: la 1re près du bord antérieur du médipecus: chacune des autres sur les côtés de chacun des huit premiers segments dorsaux de l'abdomen.

Blaps gigas, Linné.

Les larves de plusieurs espèces de Blaps sont connues depuis un certain temps. M. Haliday, en 1838, dans le 2e volume des Transactions de la Société entomologique de Londres, a décrit celle du *B. mortisaga*. M. Westwood, dans son introduction à la Classification des insectes, en a donné le dessin. M. Letzener, dans le Compte rendu des travaux de la Société des naturalistes de la Silésie, pour l'année 1843, a fait connaître celle du *B. fatidica*,, et M. Perris, dans les *Annales de la Société entomologique de France*, pour l'année 1852, a donné de cette dernière et de celle du *B. producta*, une description si parfaite, que peut-être serait-il inutile de parler de celle du *B. gigas*. Cependant, comme cette dernière présente quelques caractères qui semblent lui être particuliers, sa description pourra offrir quelque intérêt aux personnes qui aiment à se livrer à l'étude des insectes dans leur premier état.

Larve. *Hexapode: allongée, demi-cylindrique; blonde: composée, outre la tête, de douze segments. Mandibules peu saillantes. Antennes de quatre articles. Dernier arceau abdominal, garni sur les côtés de deux ou trois rangées de petites épines courtes ; muni en dessous, après la fente anale, de deux mamelons rétractiles.*

Long. 0,0460 (20 3/4 l.); — Lrrg. 0,0070 (3 1/8 l.).

Tête enchâssée dans le prothorax, presque aussi longue que ce dernier; convexe, cornée, d'un roux flave, transversale, une fois plus large que longue depuis sa partie postérieure visible jusqu'à la suture frontale; en ligne droite, derrière l'épistome, échancrée en arc brunâtre et légèrement ridée sur les côtés de son bord antérieur, derrière les antennes; légèrement ridée et glabre en dessus, ciliée sur les côtés; marquée de deux points enfoncés près du bord antérieur du front.

Epistome transversal, rétréci d'arrière en avant; subhorizontal et d'un roux testacé sur sa moitié postérieure, d'un blanc flave et déclive sur l'antérieure.

Labre transverse, obtusément arqué en devant; d'un roux testacé, subconvexe, pointillé et velu en dessus ; marqué, près de son bord antérieur, d'une rangée transversale de points enfoncés ; cilié en devant.

Mandibules à peine saillantes, au devant du labre dans l'état de repos ; fortes, arquées, cornées, noires; inégalement bidentées à l'extrémité, c'est-à-dire terminées en pointe et munies d'une dent un peu au-dessous de celle-ci ; armées d'une dent plus faible vers le milieu de leur bord interne, et d'une molaire basilaire.

Mâchoires fortes; à un lobe, en ligne droite, et ciliée à son bord externe, rétrécie en ligne arquée d'arrière en avant, et armée de poils forts et spiniformes à son bord interne; munie de deux longs poils à son sommet.

Palpes maxillaires, plus longuement prolongés que le lobe ; légèrement arqués ; de trois articles : le 1er cylindrique, à peine aussi long et un peu plus gros que le 2e : celui-ci, cylindrique : le 3e petit, grêle, conique.

Menton allongé, parallèle, tronqué ou légèrement échancré en devant.

Lèvre transverse, un peu élargie d'arrière en avant; munie d'une petite languette saillante, dans le milieu de son bord antérieur.

Palpes labiaux de deux articles : le 1er cylindrique , de moitié plus long que large : le 2e, petit, grêle, conique.

Antennes insérées vers les angles antérieurs du front, derrière la base de l'angle postéro-externe des mandibules; blondes; de quatre articles : le 1er subtuberculeux : les 2e et 3e subcylindriques, un peu renflés vers leur extrémité : le 3e un peu moins gros et un peu moins long que le 2e; le 4e petit, très-grèle, comme enté au milieu de l'extrémité du précédent, terminé par une soie.

Corps demi-cylindrique, convexe, corné, glabre et luisant en dessus; légèrement renflé sur les côtés du prothorax; subparallèle depuis le mésothorax jusqu'à l'antépénultième arceau abdominal; à côtés repliés en dessous, pour former l'espèce de bourrelet servant à séparer la partie dorsale de la ventrale; d'un roux flave, avec les articulations moins claires; offrant, depuis la moitié du prothorax jusqu'à l'extrémité de l'avant-dernier arceau abdominal, les traces d'une ligne médiane; paré, au bord postérieur des onze premiers arceaux, d'une sorte de bordure un peu plus claire, rayée de fines stries longitudinales.

Arceaux thoraciques ciliés sur les côtés. *Prothorax* plus large que long; de moitié plus grand que l'arceau suivant; marqué de chaque côté de la ligne médiane, d'une très-faible dépression, ridée et constituant une sorte de cicatrice. *Mésothorax* plus court que le *métathorax*.

Arceaux de l'abdomen presque égaux jusqu'à l'avant-dernier; un peu plus grands que le métathoracique; ordinairement marqué sur les côtés d'un signe arqué, nébuleux, souvent peu apparent. Neuvième arceau obtriangulaire, avec l'extrémité un peu relevée; garni, sur les côtés, de deux ou trois rangées de petites épines courtes et noires, et plus extérieurement de longs cils fins et blanchâtres; hérissé en dessous de poils fins et peu nombreux; échancré en arc au bord postérieur de sa partie inférieure, enclosant la région anale entre cet arc et le bord postérieur de l'arceau ventral précédent. *Anus* transverse, suivi postérieurement de deux mamelons coniques, en partie rétractiles. *Région pectorale* planiuscule. *Région ventrale* subconvexe; toutes les deux cornées et de la couleur du dessous.

Pieds blonds, disposés, par paires, sous chaque arceau thoracique; graduellement plus courts des antérieurs aux postérieurs; robustes, composés d'une hanche, d'un trochanter, d'une cuisse, d'un tibia et d'un tarse court, terminé par un ongle noir, allongé et en alène : les quatre premières pièces garnies sur leur tranche inférieure, et quelques-unes aussi sur leur tranche supérieure, de poils en partie spinosules.

Stigmates au nombre de neuf paires; la première située au bord antérieur du mésothorax, près du bord inférieur du bourrelet latéral : chacun des autres, plus petits, situés sur les huit premiers arceaux abdominaux, sur la partie latérale du bourrelet.

Cette larve est commune dans le midi, dans certaines caves, et souvent dans les endroits les plus orduriers. Elle est abondante à Cette, dans les magasins et les hangars dont le sol est remblayé avec de l'argile, mélangée à des débris calcaires et à des parcelles de bois des tonnelles. Ce sol est très-dur et, cependant, la larve trouve le moyen d'y creuser de longues galeries. Elle y vit des fragments de bois enfouis dans ce sol. On la trouve aussi dans les lapinières et dans les poulaillers dont le sol est argileux.

Il est facile d'élever ces larves dans un bocal rempli de terre, sur laquelle on dépose une couche de fiente de poules. Elles viennent à la surface de la terre, se nourrir de ces matières sordides, et redescendent se cacher dans leurs galeries, jusqu'au moment où l'appétit les convie de nouveau à se rapprocher de leur nourriture.

La larve, quand elle veut passer à son second état, se construit, avec la terre, une sorte de coque dans laquelle elle peut passer en paix les jours prédécesseurs de sa résurrection. Elle met ordinairement trois semaines avant de parvenir à son dernier état.

Voici la description de la nymphe :

Nymphe arquée sur le dos. *Tête* inclinée. *Palpes maxillaires* inclinées, saillants, au moins aussi longs que le tiers de la tête, à dernier article obtriangulaire. *Antennes* subcylindriques, prolongés sur les côtés de la poitrine jusqu'au premier segment abdominal. *Abdomen* subparallèle sur les côtés des premiers arceaux, graduellement rétréci sur les quatre derniers : le dernier, armé à son extrémité de deux appendices coniques, mi-relevés ; muni en dessous, sur la région anale, de deux tubercules coniques. *Elytres* repliées en dessous sur les côtés de la poitrine. *Cuisses* dirigées latéralement sur les côtés du corps qu'ils débordent. *Tibias* repliés sous les cuisses, pourvus au genou de deux appendices coniques. *Tarses* étendus longitudinalement de chaque côté de la ligne médiane, un peu noueux en dessous.

Long. 0,0281 à 0,0300 (12 l. 1/2 à 13 l. 1/4.)

LONGICORNES

Les larves des Longicornes, malgré un air de famille difficile à méconnaître, présentent néanmoins entre elles, suivant les genres auxquels elles appartiennent, des différences facilement appréciables.

Les descriptions du premier état des deux espèces suivantes serviront de matériaux à cette étude.

Strommatium unicolor, Ollivier.

Larve *brièvement hexapode; de douze anneaux, non compris la tête; charnue, blanche, allongée; graduellement rétrécie à partir du prothorax jusqu'à l'extrémité du sixième arceau ventral; à bouche dirigée en devant; à antennes très-courtes.*

Long. 0,0240 (11 l.) — larg. du prothorax 0,0125 (5 l. 1/2), larg. du 6e arceau de l'abdomen 0,0045 (2 l.)

Tête enchassée dans le prothorax, en partie rétractile; courte, transverse, subcornée; offrant sur sa région postérieure une dépression en demi-cercle presque divisée en deux parties; tronquée à son bord frontal, avec les angles antérieurs un peu avancés et noirs. *Epistome* transversal, très-court. *Labre* submenbraneux, presque carré, cilié.

Mandibules courtes, arquées, non saillantes en devant dans l'état de repos, dures, cornées et noires, avec la base claire, parée d'un point tuberculeux noir, à chacun de ses angles basilaires.

Machoires formées : 1° d'une pièce cardinale transverse, joignant le côté latéral du menton à son bord interne : 2° d'une pièce basilaire courte, élargie d'arrière en avant, à son côté interne : 3° d'un lobe élargi d'arrière en avant et cilié.

Palpes maxillaires de quatre articles : le basilaire une fois plus large que long, presque uni au lobe à son côté interne : le deuxième, moins large, mais toutefois plus large que long : les deux derniers graduellement rétrécis : le dernier aciculé.

Pièce sous-céphalique crénelée à son bord intérieur. *Menton* submembraneux, en parallélogramme transverse.

Lèvre portant des pièces palpigères terminées par des palpes de deux articles : *languette* garnie de poils.

Antennes insérées derrière la base des mandibules ; très-courtes, un peu rétractiles ; de trois articles : les deux premiers tubulaires : le premier plus gros et plus court que le deuxième : le dernier aciculé.

Prothorax une fois au moins plus large que long ; aussi long que les deux segments suivants réunis ; muni d'un rebord antérieur lisse et membraneux ; paré sur le dos de deux sortes de plaques parcheminées ou subcornées, ponctuées et finement ridées ou striées, presque carrées chacune, séparées par un relief longitudinal, et suivies à leur bord postérieur d'un rebord aminci à ses extrémités.

Méso et *métathorax* presque égaux : le mésothorax offrant sur le milieu du dos deux lignes enfoncées, obliquement croisées : le métathorax montrant sur le dos une sorte de plaque parcheminée ou subcornée, transverse, ponctuée.

Segments abdominaux garnis en dessus et en dessous de poils fins, doux et courts : les 1er, 2e et 3e arceaux du dos séparés les uns des autres par un sillon moins profond que les suivants, offrant chacun sur le dos une sorte de plaque transverse, parcheminée ou subcornée, rayée à sa partie antérieure d'une ligne courbée en arrière et plus profonde sur les côtés, où elle forme les limites de chaque plaque : les 4e, 5e et 6e arceaux graduellement plus étroits, séparés par des sillons comme noueux, plus profonds, chargés chacun, sur le dos, d'une plaque saillante, en ovale transverse sur le 4e, presque orbiculaire sur le 6e : le 7e chargé d'une plaque semblable ; un peu élargi postérieurement : les 8e et 9e courts, graduellement plus étroits, un peu rétractiles, lisses en dessus.

Région anale saillante, paraissant presque figurer un 10e segment. *Fente anale* en forme d'Y.

Dessous du corps chargé sur le ventre de plaques analogues à celles du dos de chacun des arceaux supérieurs.

Pieds très-courts, situés par paire sur chacun des arceaux de la poitrine ; composés de trois courtes pièces : la dernière conique.

Stigmates au nombre de neuf paires : la 1re, plus grande, brune, située près du bord antérieur du médipectus : chacune des autres, sur les côtés de la partie dorsale des huit premiers segments de l'abdomen.

Cette larve a été prise à Collioures, dans un vieux tronc d'abricotier qui servait de support à un hangar couvert de paille. Elle vit probablement dans diverses autres espèces d'arbres.

Elle passe à son second état dans les mêmes lieux.

Voici la description de la nymphe :

Corps allongé ; peu convexe ; blanc ; rétréci graduellement à partir du 3e anneau abdominal.

Tête inclinée. *Epistome* divisé en deux parties se joignant à leur côté interne. *Labre* triangulaire. *Antennes* couchées d'abord sur les côtés du corps jusqu'à l'extrémité du 3e arceau de l'abdomen, puis recourbées en dessous en remontant vers la bouche. *Prothorax* comme rebordé sur les côtés et à sa base. *Mésothorax* court, paraissant presque caré, voilé sur les côtés par les élytres se repliant en dessous vers leur extrémité ; rayé d'un sillon sur sa ligne médiane, souvent marqué d'une tache noire vers le milieu de celle-ci.

Arceaux de l'abdomen au nombre de huit apparents : les 1er à 4e et moins sensiblement les 5e et 6e rayés d'un sillon médiaire ; creusés chacun près de la ligne médiane d'une fossette peu profonde, en ovale transverse, bordée d'une couronne de très-courtes pointes noires : les 7e et 8e graduellement rétrécis, munis en dessus de petites pointes semblabes.

Agaponthia Asphodeli, LATREILLE

LARVE *apode, subcylindrique ; d'un blanc flavescent ; composée outre la tête de douze segments ; offrant sur l'antépectus et sur le médipectus un renflement servant à la progression, avec les derniers arceaux de l'abdomen très-mobiles, pouvant se courber en dessous ; le dernier terminé par trois petits mamelons servant à la progression. Mandibules noires, fortes peu saillantes, Antennes nulles ou à peu près.*

Long. 0,0212 (9 l. 1/2).—Larg. du prothorax vu de côté, 0,0112 (1 l. 7/8); Larg. des anneaux de l'abdomen 0,0021 (1 l. 2/5).

Tête un peu plus étroite que le prothorax, subarquée sur les côtés, un peu rétrécie postérieurement ; d'un blond pâle ; offrant sur le milieu de sa partie postérieure, une trace lisse, bifurquée en devant ; un peu déprimée et faiblement ponctuée sur le front ; hérissée de poils concolores, fins et serrés.

Epistome en parallélogramme transverse. Labre transverse, garni de poils en dessus, cilié en devant.

Mandibules courtes, robustes, d'un rouge brunâtre à la base, noires et cornées à l'extrémité ; obliquement échancrées à cette dernière, bidentées à la partie antérieure de cette échancrure, unidentée à la postérieure.

Machoires à pièce cardinale courte, transverse ; à pièce basilaire courte ; à lobe épais, subarrondi à sa partie supérieure, et garni de poils courts et spinosules. *Palpe maxilliaire* court, de quatre articles : le basilaire le plus grand, lié au lobe maxillaire : les deux suivants graduellement plus étroits, transverses, noueux : le dernier petit, conique.

Lèvre convexe et garnie de poils sur sa partie antérieure.

Palpes labiaux de trois articles : le basilaire membraneux, d'un blanc livide, uni à la lèvre : les deux suivants blonds courts : le dernier conique.

Antennes très-courtes, de trois articles, mais rétractiles et ne laissant souvent voir que le bord circulaire de leur 1er article.

Corps d'un blanc légèrement blond, luisant, garni de poils fins.

Segment prothoracique plus renflé que les autres, aussi grand en dessus que les deux suivants réunis, membraneux et un peu rétractile à sa partie antérieure, d'un blond flave, et subcoriace après cette partie antérieure. *Mésothorax* lisse en dessus. *Métathorax* et sept premiers arceaux du dos de l'abdomen garnis sur le dos d'une double rangée transverse de points rapeux, destinés à faciliter les mouvements de locomotion : les segments abdominaux presque de même grosseur, séparés par un sillon profond : les deux derniers lisses en dessus, très-mobiles, pouvant se recourber en dessous : le dernier, le plus court, brusquement tronqué à sa partie postérieure, muni autour de la fente anale de trois petits mamelons rétractiles, servant à fixer la larve contre la paroi de la galerie cylindrique dans laquelle elle vit ; garni en dessous des poils d'un blond roussâtre, nombreux, dirigés en arrière et servant à la progression.

Pieds nuls, remplacés par un renflement hérissé des poils situé sur l'antépectus et prolongé sur le médipectus.

Stigmates au nombre de neuf paires ; tous situés en dessous du bourrelet latéral : la 1re, près du bord postérieur du premier anneau thoracique : les autres, sur chacun des huit premiers segments de l'abdomen.

Cette larve vit dans les tiges d'aphodèles, dont elle ronge la moelle ; le renflement de la partie inférieure de ses prothorax et mésothorax, les aspérités du dos de ses segments abdominaux et le dernier segment de son abdomen lui servent d'instrument de progression. Les deux derniers segments de son abdomen sont très-mobiles et se recourbent facilement en dessous : le dernier, tronqué à son extrémité, semble faire ventouse, il est d'ailleurs pourvu de trois petits mamelons. Grâces à ces diverses parties destinées à favoriser les mouvements, elle remonte ou descend avec rapidité dans l'étui médullaire qu'elle a évidé.

Vers la fin de l'hiver, elle se transforme en nymphe dans cette retraite, et paraît en avril sous la forme d'insecte parfait.

Gravé par Danguin

PROFESSEUR A L'ÉCOLE LA MARTINIERE ET CRÉATEUR DU COURS DE DESSIN

Auteur de la Monographie de Brou

NOTICE

SUR

DUPASQUIER

ARCHITECTE

PRÉSENTÉE

à l'Académie des Sciences de Lyon le 10 décembre 1872

Durant les événements douloureux dont notre patrie était le théâtre, dans l'automne de 1870, notre Compagnie a perdu l'un de ses membres les plus estimés et les plus regrettables, et notre ville un de ses artistes les plus éminents : je vais essayer de vous en esquisser la vie.

Dupasquier (Louis-Gaspard) était né à Lyon, le 13 frimaire an IX (4 décembre 1800), au sein d'une famille honorable, qui avait eu à souffrir durant les mauvais jours de la Révolution.

Il avait à peine cinq ans, quand une mort prématurée

lui enlevait son père [1] et le privait ainsi d'un soutien et surtout d'un ami difficile à remplacer.

Ce déplorable événement laissait à son excellente mère la tâche pénible de s'occuper seule de l'éducation de ses enfants ; et la distinction dont plusieurs d'entre eux ont su entourer leur nom [2] montre avec quel soin elle sut remplir ce devoir.

Le jeune Louis fut placé d'abord au collége de Thoissey, et vint ensuite continuer dans celui de Lyon des études dont l'achèvement incomplet lui laissa plus tard des regrets ; mais son esprit avait d'autres tendances. Dès l'âge de quinze ans, il sentit se révéler en lui les goûts artistiques qui devaient faire un jour sa gloire et le charme de sa vie. Déjà, sans avoir appris le dessin, il se plaisait à reproduire sous son crayon novice les gravures dont les beautés l'avaient séduit.

Tout son désir alors était d'entrer à l'École des Beaux-Arts, établie dans notre ville ; mais il fut obligé de consacrer son temps à un établissement de produits chimi-

[1] Dupasquier (Joseph-Denis) mort le 20 vendémiaire an XIV (28 octobre 1805), à l'âge quarante-trois ans.

[2] L'aîné de ses enfants, le Dr Dupasquier (Gaspard-Alphonse), mort à Lyon le 15 avril 1848, dans la cinquante-cinquième année de son âge, a été membre de l'Académie, de la Société d'agriculture, chevalier de la Légion d'honneur, médecin de l'Hôtel-Dieu, professeur de chimie médicale à l'École de médecine, et professeur de chimie industrielle à l'École La Martinière, de notre ville

ques créé par sa famille, et, malgré sa jeunesse, il en eut la direction durant plusieurs années.

Sa véritable vocation s'accentuant chaque jour davantage, il lui fut permis, à vingt ans, d'entrer dans la classe d'architecture. Il y apporta l'amour du travail, l'énergie et les heureuses dispositions dont la nature l'avait doué; aussi ses progrès furent-ils rapides. Deux années s'étaient à peine écoulées qu'il gagnait le second prix d'architecture, quoiqu'il fût en concurrence avec des élèves ayant quatre ou cinq ans d'études.

L'année suivante, il obtint le premier prix d'architecture, le premier prix de perspective, et la médaille d'honneur fondée par M. Grogniard.

Il travaillait en même temps sous MM. les professeurs Richard, Legendre-Herald et Revoil, à l'étude du modèle vivant.

Ses études à peine terminées, il fut nommé inspecteur des travaux de la préfecture, dirigés par son habile et savant maitre M. Chenavard. C'était en 1825.

Cet emploi, auquel il apportait tout son zèle et son dévouement, ne pouvait suffire à son activité. Aussi utilisait-il ses loisirs à amasser pour l'avenir des matériaux pris à des sources diverses, et il se préparait ainsi à une habileté de crayon et à cette sûreté de goût dont ses œuvres portent l'empreinte.

A cette époque, les publications artistiques étaient rares et souvent médiocres : il fallait une plus grande somme de travail pour arriver à des résultats moins difficiles à obtenir de nos jours. Mais ces études n'ont pas été perdues pour lui ; elles l'ont amené à une maturité de talent auquel il n'a manqué qu'un plus grand théâtre pour donner des preuves de sa puissance.

En 1826, la ville de Lyon ouvrit un concours pour la construction d'un abattoir général. Dupasquier remporta le premier prix ; mais les membres du jury, se défiant sans doute de sa jeunesse, obtinrent, de l'administration municipale, l'adjonction d'un confrère d'un âge offrant plus de garantie, chargé de faire exécuter, conjointement avec lui, le projet couronné.

La construction de cet abattoir, dont l'emplacement avait d'abord été fixé à la Quarantaine, sur les bords de la Saône, fut renvoyée à une époque ultérieure.

En 1827, la commune de Villeurbanne mettait au concours le plan d'une église d'une certaine importance. Dupasquier fut encore vainqueur dans cette lutte. Il devait diriger l'exécution de cet édifice ; mais il fut construit beaucoup plus tard et sur un autre emplacement.

Toutefois, il faut l'avouer, ce plan couronné, fruit de ses premières études, toutes puisées aux sources de l'art antique, était loin du caractère religieux imprimé depuis cette époque à ses constructions d'églises, où l'art s'allie à une sévère économie. Une visite à Brou suffit pour opérer une révolution dans ses idées. Frappé des beautés de ce monument, l'un des modèles les plus achevés du style gothique, il vint s'installer à Bourg pendant quinze jours, pour y commencer le relevé de cet édifice si varié dans son ornementation.

Durant plusieurs années, l'amour de l'art le ramena à cette étude, dont les attraits le captivaient chaque jour davantage. Il remplit bientôt un carton de dessins dont un certain nombre fut remarqués dans l'exposition des Beaux-Arts de 1829. Ces dessins devinrent plus tard l'origine de la *Monographie de l'église de Brou*, l'un de ses titres de gloire.

Ses études sur l'œuvre remarquable de Jean Perreal, ses succès dans les concours avaient attiré l'attention publique sur le jeune artiste, lorsqu'il fut question, en 1829, de choisir un professeur pour la chaire de dessin et d'architecture à l'École La Martinière. M. de Lacroix-Laval, maire de Lyon, l'appela à ce poste.

La même année, son ancien maître, devenu son ami, Legendre-Herald, cet artiste auteur de tant d'œuvres remarquables, ce confrère aimable dont notre Compagnie a conservé un si gracieux souvenir, le chargea de construire l'hôtel dans lequel il espérait finir ses jours. Ce sculpteur [1], l'une des gloires de notre ville, avait choisi à Perrache un lieu tranquille, dont l'emplacement lui permettait d'avoir, à côté de son habitation, de vastes ateliers pour ses travaux [2].

En 1830, Dupasquier faisait le projet du fameux pont de Fribourg, en Suisse, et passait quinze jours dans cette ville pour préparer la construction de cette voie importante de communication, ouvrage exécuté par M. l'ingénieur Chalay.

Le jeune architecte avait déjà acquis une certaine réputation; la fortune et la gloire semblaient lui sourire, ou du moins lui montrer l'avenir plein d'espérances.

Il songea alors à s'unir à une compagne capable d'embellir son existence, et le 20 mai (1830) il épousait une jeune parente, mademoiselle Alphonsine Glénard,

[1] Legendre-Herald (Jean-François), né à Montpellier (Hérault) le 1er pluviôse an IV (21 janvier 1796), élève de Chinard, professeur à l'école des Beaux-Arts de notre ville, de 1818 à 1835, membre de l'Académie à dater de 1825, chevalier de la Légion d'honneur, mort à Marcilly, près Meaux, le 13 septembre 1851.

(Voyez sur ce sculpteur célèbre l'article publié par M. le Dr Pointe, dans la *Revue du Lyonnais*, 1re série, t. XI, p. 483, et celui de M. Chenavard, inséré dans le *Courrier de Lyon*, peu de temps après la mort de Legendre-Herald.)

[2] Il ne reste plus aujourd'hui de traces de cette gracieuse habitation, acquise plus tard par le chemin de fer pour les dépendances de la gare de Perrache.

Dupasquier fut bientôt chargé de la construction de diverses maisons, soit à la ville, soit à la campagne. Il nous suffira de citer l'établissement orthopédique de M. le Dr Milliet, les grands magasins de MM. Gonon et Languinier, dans lesquels, pour la première fois à Lyon, le fer fut employé pour la charpente des combles.

dont les heureuses qualités devaient assurer sa félicité. Mais qui jouit jamais, ici-bas, d'un bonheur sans mélange? Notre jeune artiste en offrit bientôt la preuve.

Le 4 mai 1832, la mort lui enlevait sa mère [1], pour laquelle il avait une vénération et un amour filial sans bornes; le 11 mars de l'année suivante, il vit s'éteindre, à la suite de couches, sous l'influence d'une fièvre épidémique régnante à cette époque, celle qui était devenue la seconde moitié de sa vie, et quelques mois après, le fils issu de cette union succombait à son tour, et brisait les derniers liens qui le rattachaient à ce premier hymen.

Doué d'une sensibilité extrême, Dupasquier ne put résister à ces cruelles épreuves; il tomba gravement malade, et, pendant trois ans et demi, ses crayons et ses compas restèrent à peu près sans emploi.

Sa bonne constitution, et le temps, chargé par la Providence d'apporter quelque baume aux blessures de notre cœur, permirent à sa santé de se raffermir; il reprit peu à peu ses forces et ses travaux, et bientôt il sentit le poids de l'isolement dans lequel il se trouvait : il éprouvait le besoin d'aimer encore.

Le 5 avril 1837, il donnait sa main à une autre

[1] Agée de soixante-neuf ans.

parente, mademoiselle Élise Glénard [1]. Cette union nouvelle, suivie de cette affectueuse intimité qui répand tant d'agréments sur nos jours, a fait son bonheur jusqu'à la fin de sa vie.

En 1838, la ville de Lyon voulut mettre à exécution le projet de l'abattoir mis au concours en 1826. Dupasquier déclara vouloir être seul à en diriger les travaux. Il avait donné assez de preuves de talent pour offrir toutes les garanties suffisantes : sa demande fut accueillie ; il fut déchargé de la collaboration, humiliante pour son amour-propre, qui lui avait été imposée ; mais il dut donner à l'architecte adjoint trois mille francs d'indemnité.

Dupasquier avait su mettre à profit le temps écoulé depuis 1826, pour apporter des améliorations au projet couronné, sans nuire au plan primitif. Tout avait été étudié de nouveau, pour arriver à faire une construction solide et merveilleusement appropriée aux besoins du service. Il livra le bâtiment en janvier 1840 [2].

Cet établissement, bien supérieur à ce qui existait alors à Paris, obtint d'unanimes suffrages. Le bruit des louanges adressées à l'auteur eut de l'écho jusqu'à

[1] Cousine de sa première épouse.

[2] L'architecte, malgré les difficultés sans nombre causées par des rabais excessifs, a livré à la ville, pour 830.000 fr., un édifice qui a rendu 126.000 fr. par an

l'étranger; le gouvernement autrichien et la ville de Newcastle, en Angleterre, firent prier l'architecte, par l'intermédiaire du ministre de l'intérieur, de vouloir bien leur donner communication de ses plans.

En 1839, Dupasquier, sans cesse préoccupé des merveilles de Brou, plus soucieux d'être utile à l'art qu'à ses intérêts, songea à mettre au jour la Monographie du monument élevé par Marguerite d'Autriche. Encouragé par M. D. Didron, qui mettait alors en honneur la science archéologique. il se décida à entreprendre cette publication à ses frais.

Le gouvernement se chargea d'en prendre quarante exemplaires [1]; diverses personnes amies des arts ou les cultivant par profession se firent inscrire au nombre des souscripteurs; mais ces encouragements étaient loin de couvrir les dépenses nécessaires [2].

Depuis 1826 jusqu'à 1870, l'auteur a consacré ses loisirs et une somme relativement considérable pour sa fortune à élever ce monument, l'un des titres les plus

[1] A la date du 18 avril 1839.

[2] Les élèves de M. Dupasquier qui ont mis plus spécialement leurs soins à développer les dessins du premier carton de Brou, sont MM. Flachat, qui applique aujourd'hui, avec un grand succès, à l'art industriel, les études sérieuses faites durant dix ans, sous un maître difficile pour lui-même et pour les autres ; Barqui. architecte, professeur à l'École La Martinière, où il continue à développer l'admirable méthode de dessin créée par Dupasquier; Journoud, Mazerat, Estibo, tous élèves de ce dernier, et aujourd'hui artistes distingués dans des voies différentes.

glorieux pour sa mémoire et qu'il n'a malheureusement pas pu faire paraître en entier [1].

Il est à regretter que le conseil général de l'Ain ne soit pas venu en aide à une publication destinée à faire connaître, dans ses plus beaux détails, un monument qui est la plus grande merveille du département. Et l'on se demande si la ville de Lyon n'aurait pas dû concourir aussi à la production de ce travail remarquable de l'un de ses enfants, dont la générosité seule de l'artiste a doté la bibliothèque du Palais des Arts.

L'année 1840 offrit à Dupasquier une occasion favorable pour mettre à profit ses études sérieuses et satisfaire son amour-propre en faisant briller ses talents.

La cathédrale d'Autun était dans un état menaçant. Elle semblait nécessiter une complète reconstruction, et un architecte de Paris s'était prononcé dans ce sens. Mgr d'Héricourt, évêque du diocèse, se voyait menacé d'être privé, pour un temps indéterminé, de son église

[1] *Monographie de l'église de Brou*, par Louis Dupasquier, architecte du gouvernement, etc. Paris, librairie archéologique de Victor Didron, MDCCCXXXXIII ; grand in-folio, avec dédicace et frontispice. La partie publiée se compose de 30 feuilles gravées ou chromo-litinographies et de trois feuilles de texte. Elle forme un tout assez complet pour fournir aux amis de l'archéologie et de l'architecture de nombreux matériaux à consulter.

L'auteur a laissé un carton rempli de dessins inédits pouvant fournir le sujet de quatre-vingts planches et complétant entièrement la reproduction de l'église de Brou.

épiscopale. Les travaux de Dupasquier sur l'église de Brou avaient donné la preuve de ses connaissances sur l'architecture du moyen âge ; en mars 1840, sur les instances de Mgr l'évêque, il avait passé trois jours à visiter la cathédrale, des caveaux aux combles, pour former son opinion sur la nature des travaux à entreprendre, et cet examen lui avait démontré la possibilité de conserver le monument. Il déclara se faire fort d'accomplir cette œuvre difficile, en démolissant les voûtes de la grande nef, pour ramener à leur état normal les murs latéraux, dont l'état de surplomb menaçait de ruiner l'édifice ; il s'engagea même à faire tous ces travaux de restauration sans interrompre le service du culte, si ce n'est pendant quelques manœuvres dangereuses indispensables.

Il soumit à Mgr l'évêque un aperçu du travail qu'il croyait nécessaire.

D'après les renseignements fournis par M. le préfet du Rhône [1] et par M. le directeur du séminaire de Brou,

[1] Le 19 février 1840, M. Delmas, préfet de Saône-et-Loire, adressait au préfet du Rhône la lettre suivante :

MONSIEUR ET CHER COLLÈGUE,

« La cathédrale d'Autun exige des travaux de réparation et consolidation assez importants, et je désirerais que la direction en fût confiée à un architecte habile, qui sût conserver l'harmonie convenable entre les anciens et les nouveaux travaux. On me désigne, comme pouvant parfaitement remplir cette mission, M. Louis Dupasquier, architecte de Lyon, qui s'est livré avec succès à l'architecture du moyen

Dupasquier fut chargé par M. Delmas, le 12 juin 1840[1], de dresser le projet des travaux à exécuter pour la réparation de la chapelle des fonts baptismaux de la cathédrale d'Autun, et le 4 août de la même année, M. le ministre des cultes, par décision du 27 juillet, le nommait membre d'une commission composée de MM. Jordan, ingénieur en chef des ponts et chaussées de Saône-et-Loire, Cavé, inspecteur des bâtiments civils, Chenavard, architecte de Lyon, et Robelin, architecte de Paris, chargés d'examiner l'état de la cathédrale d'Autun, et de constater les moyens nécessaires pour remédier aux dégradations constatées.

Cette commission, convoquée à Autun pour la fin

âge. Si vous pensez qu'en effet cet architecte puisse être chargé de ce travail, je vous prierai de lui faire demander s'il lui conviendrait que je le proposasse, à cet effet, à M. le ministre des cultes, et quelles seraient les conditions auxquelles il voudrait être employé. *Signé* : Delmas. »

Le 15 mars 1840, M. Rousselot, vicaire général d'Autun, adressait à M. Dupasquier les lignes suivantes :

« Sur le témoignage rendu à vos talents par M. le supérieur du grand séminaire de Brou, M. Perrodin, Mgr l'évêque d'Autun désire avoir l'honneur de vous entretenir relativement aux réparations de sa cathédrale. Sa Grandeur sera à Mâcon les 30 et 31 mars et le 1er avril ; elle vous prie d'avoir la bonté de venir l'y trouver, si vos occupations vous le permettent, afin de vous entendre avec elle sur les suites à donner à ce projet. »

[1] Le lendemain, 13 juin, Mgr d'Héricourt lui écrivait :

« Une lettre que je viens de recevoir de M. le Préfet m'annonce que, vu la latitude que lui a laissée le ministre, et d'après mon avis, il vous a nommé pour faire le devis des réparations de la chapelle des fonts ; j'aurais désiré une mesure plus complète ; mais vous comprenez l'importance de commencer cette affaire, et comme je tiens plus que jamais à ce que vous dirigiez seul tous les travaux, j'ai tout lieu d'espérer que vous les continuerez. »

d'octobre, ne put réunir tous les membres désignés. La terrible inondation de cette année retenait à Mâcon Dupasquier, forcé de revenir par des chemins détournés à Lyon, où il annonçait la crue extraordinaire qui devait bientôt causer dans notre ville de si grands désastres.

Mais les membres présents à Autun, MM. Cavé et Jordan, confirmèrent par leur avis l'opinion de Dupasquier, en déclarant qu'il fallait, pour cette opération difficile, des connaissances profondes et une direction intelligente.

Ce rapport décida le ministre à abandonner le projet de démolition, et il confia à notre collègue le soin de dresser son devis [1] pour la restauration de cet édifice religieux.

Tous ces travaux ont été exécutés par Dupasquier, à l'exception de la flèche, dont nous parlerons plus loin.

Le 18 août 1843 eut lieu l'adjudication des voûtes ; le 13 juin suivant, un étaiement, savamment combiné, permit, après la démolition de la grande voûte, de ramener à un état à peu près normal les murs déjetés en

[1] Le projet dressé par Dupasquier comprenait :

1° Démolition et reconstruction des voûtes, avec reconstruction des contreforts ;

2° Construction des chapelles de Sainte-Anne et des fonts baptismaux :

3° Construction et déblaiement du porche à l'ouest ;

4° Construction et réparation de la flèche ;

5° Travaux généraux.

dehors. Cette manœuvre hardie était complétée par un système de reconstruction de nouvelles voûtes, système de solidité et de légèreté dont le temps a sanctionné la savante étude.

Le jour même de l'opération décisive, Mgr d'Héricourt réunissait à sa table M. le général Changarnier, M. Cavé, le premier magistrat du département et diverses autres personnes de distinction. L'architecte fut forcé de se faire excuser : il commandait en ce moment même la manœuvre exécutée par quarante charpentiers, pour ramener les murs en dedans. L'opération fut couronnée du plus heureux succès.

Dupasquier vint l'annoncer à Monseigneur. Le général Changarnier serra chaudement la main à notre confrère, en comparant cette victoire si habilement préparée au gain d'une bataille [1]. L'auteur de ce tour de force reçut des félicitations sans nombre. L'inspecteur parisien repartit le soir même pour en porter l'heureuse nouvelle au ministre.

En décembre 1845, une cérémonie religieuse eut lieu [2]

[1] Dupasquier disait souvent : « Un artiste peut être tenté, par la perspective d'attacher son nom à un fait d'art remarquable, d'accepter le rôle périlleux dont je me suis chargé à Autun ; mais rien ne pourrait me décider à recommencer dans les mêmes conditions. »

[2] Voyez à la fin de cette notice la note A, contenant la relation de cette cérémonie, publié par le journal l'*Éduen*, dans son numéro du 23 décembre 1845.

pour célébrer cet heureux événement, et une inscription gravée sur bronze fut déposée dans une boîte de plomb placée sous une pierre scellée, pour en conserver le souvenir.

M. Delmas, auquel s'était joint M. Martin, maire de Lyon, demandèrent pour Dupasquier la récompense honorifique dont le gouvernement se plaît à décorer les auteurs de travaux éclatants ; mais le vent des révolutions emportait, en février 1848, les hommes au pouvoir à cette époque, et l'architecte fut oublié.

Quand l'ordre reprit son cours accoutumé, M. Freslon, ministre des cultes, sur le rapport de M. Durieu[1], songea à réorganiser le service des architectes diocésains[2]. L'auteur des réparations de la cathédrale d'Autun, fut chargé[3] des diocèses de Lyon[4] et de Belley[5] ; mais sa nomination à la première de ces circonscriptions diocésaines n'eut pas de suite : un autre architecte en fut chargé[6]. Notre confrère reçut en compensation le diocèse d'Autun.

[1] Voyez la note B, p. 33.

[2] A la date du 16 décembre 1848.

[3] Par un arrêté du 20 décembre 1848, sanctionné par le pouvoir exécutif.

[4] Voyez la note C, p. 34.

[5] Voyez la note D, p. 35.

[6] Dupasquier n'avait jamais cherché à détourner à son profit les travaux promis à ses confrères, ni apporté quelque obstacle à la réalisation de leurs espérances. Avant d'envoyer son adhésion au ministre, il se présenta chez Mgr de Bonald et lui demanda si sa nomination aurait son agrément. « Dans le cas, ajouta-t-il, où les

L'église de Brou exigeait des réparations urgentes [1]. Personne, autant que le monographe de cet édifice, n'avait étudié cette architecture merveilleuse, si variée dans ses détails. On lui confia bientôt la restauration des façades.

Dire tous les soins apportés par l'artiste pour reproduire ces dentelles de pierre si souvent retracées par son crayon, et qu'il fallait faire travailler par des ouvriers peu habitués au style gothique, pourrait difficilement se comprendre. Pour surveiller avec plus de soin les travaux, il installa dans des appartements de sa maison de la ville (devenus vides par suite de la révolution de 1848) les sculpteurs de Brou. Les œuvres les plus difficiles s'exécutaient donc ainsi sous ses yeux.

En 1851, la restauration du portail occidental était achevée. Mgr Devie, évêque de Belley et M. de Chanal, préfet de l'Ain, présidèrent à la pose de la dernière pierre de ce travail [2].

vues de Votre Éminence se porteraient sur un autre titulaire, je répondrais par un refus. — Mais non, lui répondit le prélat, je suis très-heureux de ce choix ; répondez oui. et faites publier votre nomination dans la *Gazette de Lyon.* » Et, quelque temps après, le même journal annonçait la nomination d'un autre architecte, présenté par Son Éminence.

[1] Voyez la note E, p. 36.

[2] Dupasquier, en acceptant le poste d'architecte diocésain de Belley, avait eu la délicatesse de refuser de s'occuper des travaux restant à exécuter à la cathédrale, œuvre de M. Chenevard ; il avait déclaré ne consentir à comprendre ce monument dans son service, que lorsque l'édifice, étant entièrement achevé, il ne pourrait plus être question que de l'entretien.

Une boîte de plomb renfermant l'inscription [1] commémorative de cette cérémonie fut scellée dans le socle de la statue de saint André, qui reparut aux yeux de la foule, telle qu'elle était sortie du ciseau d'André Colomban [2].

L'église de Brou fut pour Dupasquier l'occasion d'un autre triomphe : nous voulons parler de la découverte des tombeaux de Marguerite d'Autriche, de Marguerite de Bourbon et de son fils Philibert le Beau, tombeaux dont l'emplacement était ignoré. Les recherches intelligentes de l'architecte firent trouver un escalier en pierre aboutissant au caveau dans lequel reposaient les trois cercueils. Une cérémonie religieuse eut lieu pour la translation de ces restes mortels, en présence des principales autorités du département et du délégué du gouvernement de Savoie. Dupasquier fut décoré, à cette occasion, de l'ordre des Saints-Maurice-et-Lazare [3].

Professeur à La Martinière depuis 1829, Dupasquier avait débuté dans cet enseignement en apportant quel-

[1] Voyez la note F, p. 39.

[2] Cet artiste, suivant la légende, aurait eu l'intention de reproduire l'effigie de son patron ; mais, suivant l'histoire, cette statue était une figure emblématique du patron de la Bourgogne, chargée de rappeler la nationalité de la famille de la fondatrice.

Déjà, en 1843, on avait, sous la direction de M. Dupasquier, réparé la tour de Brou, avec le dessein d'y élever une flèche en pierre.

[3] Voyez la note G, p. 41.

ques améliorations aux méthodes admises; mais, en 1835, l'école ayant été transportée définitivement du palais Saint-Pierre dans les anciens bâtiments des Petits Augustins, il créa un mode d'enseignement nouveau, et une organisation en rapport avec les exigences du nombre toujours croissant des élèves.

En 1848, sa méthode avait reçu la sanction de l'expérience, et le professeur sentait le besoin d'avoir pour lui, pour les répétiteurs et les élèves, un guide chargé de venir en aide à la mémoire des maitres et de favoriser les progrès des élèves.

Dans ce but, Dupasquier édita son *Cours de Dessin* [1].

Les avantages de cette méthode nouvelle ne tardèrent pas à être appréciés. En France, diverses institutions s'empressèrent de l'adopter, et de l'Italie et de l'Allemagne des hommes sérieux vinrent dans le cabinet du professeur étudier les principes de ce cours et l'organisation des classes.

Dupasquier ne borna pas là les améliorations introduites à La Martinière.

Il y établit une organisation entièrement neuve de la

[1] *Enseignement de l'école du Dessin à La Martinière, à Lyon*, par L. Dupasquier. Lyon, 1re édit., 1849; 2e édit., 1852; 3e édit., 1868.

disposition du matériel et de l'outillage de la classe de dessin [1], et enfin un atelier de sculpture [2].

De 1841 à 1845, il songea à initier les élèves à la confection des moulages, et, sur ses instances, l'administration institua un cours consacré à ces études, et qui commença à fonctionner régulièrement en 1846 [3].

[1] Il avait très-bien compris, a dit M. Charvet, dans son intéressante notice sur Dupasquier, que dans un enseignement d'arts et métiers, les élèves doivent arriver à dessiner les engins les plus compliqués en perspective et à main levée, avec la même facilité qu'un peintre dessine une figure. Aussi, à l'aide de modèles en relief et de dispositions particulières dans le matériel de l'école (qu'il dut faire établir spécialement), les élèves, après avoir débuté par le dessin, à main levée, sur l'ardoise, des objets géométriques les plus simples, arrivent peu à peu à faire au lavis, et toujours en perspective, une machine à vapeur ou tout autre objet analogue Ces modèles en relief ne pouvaient être nombreux, il fallut les établir sur un support central autour duquel les élèves sont groupés en cercle, au nombre de quinze à vingt ; cette disposition qui met chaque élève à égale distance du modèle, et le présente à chacun d'eux sous un aspect différent, leur ôte la possibilité de se copier les uns les autres. Un des autres avantages de ce groupement d'élèves est que l'enseignement, impossible à un seul professeur pour plus de quarante élèves, devient ainsi général, et qu'on peut chaque fois répéter la démonstration à chaque section de quinze ou vingt, en le faisant sur le tableau de la section. (Charvet. *Compte Rendu des travaux de la Société académique d'architecture*, pendant les années 1865-1870, p. 13.)

[2] Un grand nombre d'élèves ont puisé dans ces ateliers des connaissances qui ont servi à créer des vocations artistiques et ont fourni des éléments à la régénération des édifices de notre ville.

[3] En 1846 eurent lieu les premiers concours, composés pour la première section,

d'un moulage d'après dessin,
d'un moulage d'après relief,
d'une mise au point sur pierre.

Dupasquier apportait à son professorat un dévouement sans bornes. Le soir, après une journée toujours laborieusement employée, il retournait passer plusieurs heures dans cet établissement, pour inspirer aux élèves le goût pour les études, et juger de leurs progrès. MM. les chefs d'atelier Morel et Tardieu, pourraient seuls dire tout le zèle et toute la sollicitude que, pendant quatorze ans, il apporta à cette création.

Les succès[1] de Dupasquier troublèrent bientôt le sommeil d'un homme, de mérite d'ailleurs, en qui l'administration de La Martinière semblait personnifiée.

En 1839, M. Montmartin avait publié une brochure dans laquelle il insinuait timidement que le cours de dessin et les améliorations y introduites étaient le résultat de ses propres vues [2]. Dupasquier crut devoir garder le silence : il eut peut-être tort. Mais, en 1862, dans une brochure nouvelle, cet administrateur de la Martinière ayant osé se déclarer nettement l'auteur de la méthode de dessin mise en pratique dans cet établissement, Dupasquier, averti par des amis de l'apparition de cet écrit peu répandu, et particulièrement destiné à être donné aux étrangers venant visiter l'école, répondit par un mémoire [3], dans lequel il prouvait d'une manière incon-

[1] M. Michel Chevalier, après une visite à La Martinière (voir *Courrier de Lyon*, 4 octobre 1844), écrivait : « N'est-il pas déplorable qu'un jeune ingénieur, sortant de l'École polytechnique, ne sache pas faire un croquis de machine, à beaucoup près aussi bien que l'apprenti de quinze ans qui sort de l'école La Martinière. »

[2] P. 51. « Quant au cours de dessein, disait M. Montmartin, résultat de nos propres vues, des instruments de travail que nous y avons introduits, et de l'habilete du professeur qui la dirige, etc. »

[3] *Quelques opinions de M. Antonin Montmartin sur l'école La Martinière réfutées par Louis Dupasquier*, CRÉATEUR *du cours de dessin professé par lui à l'école La Martinière de 1835 à 1854*. Lyon, Vingtrinier, 1860. In-8.

Ce *Cours de dessin*, publié en 1849, a eu une seconde édition en 1852 et une troisième en 1868, et l'on n'a pas osé contester à Dupasquier le titre d'*auteur* qu'il se donnait.

Après vingt-cinq ans d'un professorat remarquable, forcé par des raisons de

testable être seul auteur de ce nouveau mode d'enseignement.

L'architecte diocésain de Saône-et-Loire n'avait eu, pendant quatorze ans, qu'à se louer de ses rapports avec les diverses autorités ; des travaux que son esprit de justice lui empêchait d'approuver amenèrent des complications et presque un conflit ; le ministère, pour se soustraire à des tiraillements, proposa à l'architecte un autre diocèse en échange de celui d'Autun. Dupasquier quitta ce dernier et refusa une compensation.

Un autre architecte fut chargé de la consolidation de la tour de l'est de la cathédrale d'Autun, et, à cette occasion, une cérémonie religieuse eut lieu le 7 septembre 1868. Le rédacteur de cette solennité n'eut que des éloges pour le directeur de ces travaux, en lui attribuant la restauration entière de l'édifice.

Ce fait n'était pas encore arrivé à la connaissance de Dupasquier, que déjà plusieurs de ses élèves s'étaient réunis pour adresser aux divers journaux de Lyon une réclamation contre ce déni de justice [1].

En dehors des travaux importants dont nous avons

santé de quitter l'enseignement, Dupasquier demanda une retraite à laquelle lui donnait droit la retenue subie sur son traitement. L'opposition faite par M. Montmartin lui empêcha de l'obtenir !

[1] Voyez la note H, p. 44.

parlé et de ceux qu'il a faits à l'hospice des aliénés des environs de Bourg [1]. Dupasquier a dressé les plans et dirigé les constructions d'une foule d'édifices dans lesquels se révèlent, à des degrés différents, les diverses qualités de ses talents [2 et 3].

Il avait rêvé de laisser un type monumental de son génie. Son projet de l'église de Saint-Pierre de Mâcon, approuvé par le conseil municipal, les bâtiments civils et le conseil de fabrique, semblait devoir lui procurer la réalisation de ses désirs ; mais sa joie n'a eu que la durée d'un rêve : la construction de cet édifice a été confiée à un autre architecte.

Après cinquante ans d'une vie toute consacrée à ses devoirs et à ses études artistiques, Dupasquier s'était retiré à Blacé, dans une propriété patrimoniale, dans laquelle il venait de temps en temps respirer l'air des champs et donner quelque distraction à ses travaux. Il comptait y goûter les douceurs d'un repos nécessaire à sa santé ; mais bientôt celle-ci commença à donner de légères inquiétudes. Son état, qui semblait n'avoir rien

[1] Voyez la note , p. 46.

[2] Voyez la note K, p. 50.

[3] Il a laissé en outre des cartons remplis d'une foule de dessins, d'études et de projets. Sur l'enveloppe se trouvent ces deux vers :

> Là dorment cinquante ans d'une vie occupée,
> Et de l'amour du bien toujours préoccupée.

de grave, prit tout à coup un caractère alarmant. Ni les secours de la science, ni les soins les plus affectueux et les plus intelligents de son épouse, ne purent arrêter les progrès trop rapides du mal : il s'éteignit le 15 octobre 1870.

Dupasquier avait une taille avantageuse ; sur sa figure, un peu sévère, se révélait le sérieux de son esprit, l'indépendance de son caractère et son inflexible probité. Doué d'une âme fortement trempée, le devoir fut sa règle, le travail sa passion, l'amour des arts son mobile. Il avait cette noble fierté qui ne s'abaisse jamais à solliciter des travaux ou des faveurs, et qui empêche de déroger à la dignité de sa profession. La rigidité de ses principes donna parfois de la raideur à ses rapports et l'exposa à des luttes, mais ne put jamais affaiblir l'admiration pour ses talents, ni pour la droiture de son caractère.

Il apportait dans ses projets un esprit admirable pour en combiner toutes les parties et un soin minutieux pour en assurer la bonne exécution. Il avait une lucidité d'expression remarquable[1] pour rendre ses ordres compréhen-

[1] M. le chanoine Perier, directeur de la Congrégation de Saint-Joseph, lui écrivait le 18 août 1866 :

« C'est un charme, monsieur, de voir comment vous savez allier au langage technique des affaires, les formes douces et polies de la bonne compagnie. Je vous en remercie, comme d'une chose remarquable aujourd'hui »

sibles à tous; il y joignait le mérite plus grand et plus rare de savoir se renfermer dans ses prévisions ou de les dépasser rarement, et d'avoir une comptabilité d'une rigoureuse exactitude.

Il était membre de la Société d'Agriculture [1], de la Société académique d'Architecture [2], de l'Académie des Sciences, Belles-Lettres et Arts [3], de la Société Linnéenne et de celle d'Horticulture de notre ville; de la Société Éduenne d'Autun; correspondant du ministère de l'Instruction publique [4]. Il avait obtenu la médaille de première classe à l'Exposition de 1855, pour son album de Brou, et pour un spécimen en relief de l'organisation des classes de dessin à La Martinière.

La Société pour l'instruction élémentaire de Paris lui avait accordé une médaille d'argent pour sa méthode de dessin, et sur le rapport de M. Lourmand, lui avait envoyé un diplôme d'associé.

Le roi de Piémont l'avait, comme nous l'avons dit, nommé chevalier des ordres des Saints-Lazare-et-Maurice, et l'on s'est étonné de le voir oublié par la France [5].

[1] Depuis 1829

[2] Depuis sa fondation en 1830.

[3] Il avait été admis en 1845, sur le rapport de M. Chenavard.

[4] Depuis l'institution de ces correspondants.

[5] Dupasquier a dû se consoler de cet oubli, quand il a vu son maître, l'honorable M. Chenavard, d'un mérite incontesté, recevoir si tardivement la récompense honorifique qu'il avait si bien méritée.

Dans les jours de sa retraite à Blacé, il s'occupait de laisser après lui une œuvre utile, sur laquelle nous n'avons pas mission de nous expliquer. La mort, en le surprenant dans les méditations de son projet, ne lui a pas donné le temps de l'exécuter; mais il en a confié le soin à son épouse, sa chère Élise, et elle n'y faillira pas.

Cette œuvre fera bénir sa mémoire à ceux qui jouiront de ses bienfaits.

La restauration de la cathédrale d'Autun, œuvre d'une difficulté extrême et exécutée avec tant de bonheur *qu'elle suffirait* pour la gloire d'un artiste ; les réparations si intelligentes faites à l'église de Brou : la magnifique monographie de ce monument, sans compter ses autres beaux travaux [1], lui assurent une place distinguée parmi nos plus célèbres artistes lyonnais : son nom ne saurait donc périr.

[1] Voyez la note K, p. 50.

NOTES

Note A, page 18.

Le Journal l'*Éduen*, dans son numéro du 28 décembre 1845, rendait compte, de la manière suivante, de la cérémonie religieuse qui avait eu lieu le 23 du mois :

« L'entreprise difficile de la reconstruction d'une partie de la grande voûte de l'église cathédrale touchant à sa fin, une cérémonie spéciale a eu lieu pour célébrer cet heureux événement, que divers obstacles avaient paru d'abord retarder. L'appui donné à l'autorité ecclésiastique et au directeur des travaux, pour tout ce qui tient aux mesures de police nécessaires dans une opération de cette nature, le concours éclairé et constant de l'administration locale et départementale, les allocations considérables accordées par le gouvernement, demandaient un témoignage de gratitude. C'était en même temps un devoir de donner de justes éloges à l'habileté et au dévouement dont a fait preuve dans cette circonstance M. Louis Dupasquier, architecte chargé des réparations de l'édifice.

« Mardi dernier, 23 décembre, Mgr l'évêque d'Autun, accompagné de M. de Barante, nommé récemment à la préfecture de l'Ardèche, de M. Victor Rey, maire d'Autun, et de plusieurs personnes qui s'occupent d'une manière plus spéciale de l'étude et de la conservation des monuments, s'est rendu à l'église cathédrale.

« Reçu par le chapitre et les autres membres du clergé, le cortège a été conduit sur le lieu même où s'effectuent les réparations.

Une pierre destinée à recevoir une inscription monumentale a été solennellement bénite par Mgr l'évêque. Ce prélat, dans une courte allocution, empreinte de l'esprit de foi qui le caractérise, a témoigné la gratitude dont il est animé, soit à l'égard des autorités civiles, qui lui ont prêté un si bienveillant concours, soit à l'égard de M. l'architecte. Cette circonstance lui a fourni l'occasion de présenter les considérations élevées qui rendent si précieuse l'harmonie des différents pouvoirs qui contribuent, chacun dans sa sphère, à la paix et au bien de l'État. Un mot de regret à M. de Barante, que nous perdons trop tôt, était l'expression d'un sentiment partagé par tous les témoins de cette solennité.

« Mgr l'évêque a prié ensuite ce magistrat et M. le maire d'Autun, qui a mis dans toute cette affaire sa bienveillance habituelle, de vouloir bien sceller l'un et l'autre la pierre sous laquelle a été placée, dans une boite de plomb, avec quelques monnaies du millésime de 1845, l'inscription commémorative gravée sur bronze.

« Il a été tiré quelques exemplaires de cette inscription, accompagnée des sceaux gravés de Monseigneur et de M. Delmas, préfet de Saône-et-Loire.

« Les personnes qui avaient bien voulu prendre part à la cérémonie, ont ensuite examiné avec une satisfaction marquée la hardiesse et la belle exécution des travaux, dont personne ne pouvait méconnaître les difficultés et l'importance.

« Voici, en outre, le fac-simile de la gravure, tirée à un bien petit nombre d'exemplaires, de l'inscription commémorative de 1845, rédigée par M. l'abbé Devoucoux, secrétaire de l'évêché.

A DIEU TRÈS-BON ET TRÈS GRAND
L'AN 1845
SOUS LE RÈGNE DE LOUIS-PHILIPPE
M. JUSTUS DELMAS ÉTANT PRÉFET DU DÉPARTEMENT DE SAONE-ET-LOIRE
PAR LES SOINS ET LES ORDRES
DE MONSEIGNEUR BÉNIGNE-URBAIN-JEAN-MARIE D'HÉRICOURT
ÉVÊQUE D'AUTUN
LOUIS DUPASQUIER
MAITRE HABILE PARMI LES ARCHITECTES LYONNAIS, A FAIT
RECONSTRUIRE UNE PARTIE DE CETTE VOUTE ET RÉPARER TOUTE LA
MASSE DE L'ÉGLISE
SUR UN PLAN
DRESSÉ PAR LUI, AVEC LA SCIENCE D'UN ART TOUT SPECIAL
AU MOYEN D'UN APPAREIL DE SON INVENTION
ET SUIVANT
LE STYLE DES MODELES DU MOYEN AGE

Note B, page 19.

Voici quelques uns des considérants du lumineux rapport de M. Durieu :

« L'administration matérielle des édifices religieux occupe une place importante parmi les services de la direction générale des cultes ; elle a pour objet des monuments, qui, pour la plupart, joignent à leur caractère sacré l'intérêt le plus grand sous le rapport de l'art et de l'histoire.

« Dès mon entrée en fonctions, j'ai compris qu'il y avait là, pour le fonctionnaire, une double responsabilité, tant au point de vue de l'art religieux, qu'au point de vue des finances de l'État.

« Il est arrivé souvent qu'aucun entretien n'a eu lieu ou était insignifiant ; il en est résulté que la ruine devenait imminente, et que l'administration était acculée à la nécessité d'entreprendre une restauration complète, que quelques sommes partielles employées dans un entretien intelligent auraient permis d'éviter. Ces restaurations si coûteuses ont eu plus d'une fois un inconvénient plus grave encore que la dépense, celui d'occasionner des altérations profondes et malheureusement irréparables, dont le caractère et la solidité de nos plus admirables monuments ont eu à souffrir de la part des restaurateurs mal habiles ou ignorants.

« Les personnes peu expérimentées croient trop facilement que la science de l'architecture gothique consiste simplement dans la connaissance de certaines formes extérieures. Les maîtres de l'art savent que ces admirables monuments sont en outre, sous le rapport de la construction intrinsèque, de la disposition des appareils, de la distribution des masses, du calcul des poussées et des résistances, des œuvres de la science la plus profonde, etc.

« C'est dans cet esprit, monsieur le ministre, qu'a été fait le choix des architectes que je soumets à votre approbation, pour le cas où vous donneriez suite à ma proposition. Dans toutes les localités où se sont rencontrés des hommes ayant déjà donné, dans des travaux dirigés par eux, des preuves de la science, de l'archéologie et de la construction, j'ai cru qu'il convenait de les choisir de préférence.

« Je n'ai, en général, proposé des architectes de Paris, qu'autant que les localités, au dire des hommes compétents et désintéressés que j'ai pu consulter, ne présentaient pas d'artistes spécialement désignés par la spécialité de leurs études et la nature de leurs travaux antérieurs.

« Il ne m'a pas paru, monsieur le ministre, qu'il fût possible de consulter pour ces choix les autorités locales ; ç'eût été placer, soit les évêques, soit les préfets, dans une situation délicate ; ils se seraient peut-être, en certain cas, laissés aller à un sentiment de bienveillance bien naturel, mais dangereux, là où la question des choses doit absolument passer avant celle des personnes, etc., etc. »

Note C, page 19.

Dupasquier reçut de M. Durieu la lettre suivante :

« Monsieur,

« J'ai l'honneur de vous informer que monsieur le ministre de l'instruction et des cultes vient, sur ma proposition, de vous nommer architecte des édifices diocésains de Lyon et de Belley.

« Vous êtes spécialement chargé à ce titre de l'entretien et des réparations ordinaires des églises. Quant aux travaux extraordinaires et aux constructions nouvelles, l'administration des cultes se réserve le droit d'en confier l'exécution, le cas échéant, à tel architecte qu'elle jugera convenable. Il n'est pas douteux, monsieur, que les services que vous avez rendus, que ceux que vous rendrez dans les fonctions qui vous sont confiées, ne vous donnent naturellement des droits à cette désignation, mais elle devra faire l'objet d'une décision particulière.

« Monsieur le ministre désire que vous vous mettiez très-prochainement en mesure de faire connaître à l'administration des cultes la situation actuelle des édifices diocésains, etc., etc.

Le directeur général de l'Administration des cultes.

DURIEU.

Note D, page 19.

Voici la lettre que Mgr Devie adressait à Dupasquier, le 15 juin 1845, à l'occasion de sa nomination d'architecte du diocèse de Belley :

« Monsieur.

« La confiance que nous vous avons témoignée jusqu'à présent. vous est un sûr garant de la satisfaction que nous avons éprouvée en apprenant votre nomination comme architecte du diocèse. Vous avez donné des preuves nombreuses de votre habileté, de votre goût et de votre patience ; aussi, avons-nous partagé vivement quelques peines et quelques entraves que vous avez éprouvées. surtout dans une de vos entreprises ; espérons et désirons qu'il n'en sera pas de même à l'avenir, vos attributions étant mieux définies par l'autorité supérieure. Ce qu'il y a de certain, c'est que nous serons toujours empressé de vous voir et de prendre connaissance des entreprises qui vous sont confiées.

« Agréez l'affectueux dévouement avec lequel je suis, etc. »

Note E, page 20.

Le *Courrier de l'Ain*, à la date du 14 septembre 1851, rendait ainsi compte de cette cérémonie :

« Voilà plus de trois cents ans qu'a été érigé ce merveilleux monument de la piété de Marguerite d'Autriche et de son amour conjugal. C'est beaucoup que trois siècles à travers les révolutions du temps et des hommes, des hommes surtout ! Et quoique la population de Bourg, avec un soin intelligent qui l'honore et une affection dans laquelle s'allient l'admiration et les souvenirs d'enfance, soit parvenue à préserver du vandalisme révolutionnaire le plus bel édifice de cette cité, celui qui attire dans ses murs de nombreux amis des arts, il ne portait pas moins les traces de dégradations regrettables et même nuisibles à sa solidité.

« Grâces aux allocations du gouvernement, et sous la direction de M. Dupasquier, une heureuse restauration s'opère; l'église reprend l'éclat et le fini de ses ornements ; la tour s'est couronné de fleurons sculptés avec une habileté du moins rivale de celle qui les avait primitivement ciselés; la façade a renouvelé ses balustres si délicatement évidés, et ses ornements fouillés avec tant de grâce; il n'est pas, de la porte d'entrée au pignon, une pierre avariée ou mutilée qui n'ait fait place à une pierre digne de la remplacer par la reproduction exacte du dessin qu'elle offrait le jour où elle fut posée. L'architecte a eu assez de science et de modestie pour se borner à vouloir rétablir, les ouvriers assez de sentiment et d'habileté, pour ne pas défigurer en copiant ; aussi tout a été fidèlement reproduit, jusqu'aux lacs les plus délicats, aux emblèmes les plus gracieux, aux moulures les plus difficiles. Si ce n'était la blancheur de la pierre, que le temps n'a pas encore marqué de son empreinte, on ne soupçonnerait pas une restauration.

« Dimanche 14 septembre, une cérémonie à la fois religieuse, artistique et populaire, que favorisait un beau soleil, a été célébrée

célébrée au devant de l'édifice. Des commissaires désignés par les ouvriers de Brou, et parmi eux, M. Regenbal, ex-représentant, recevaient les visiteurs.

« A l'entrée de l'église étaient placés, sur une table, la plaque en bronze de l'inauguration, les plans du monument. A gauche siégeait M. le préfet, le corps municipal, les magistrats de l'ordre judiciaire, les autorités militaires. A droite, Mgr Devie et le clergé. »

Divers discours furent prononcés; nous nous bornerons à reproduire quelques extraits des suivants :

Louis Dupasquier s'adressant au préfet, s'est exprimé ainsi :

« Monsieur le préfet,

« Cette solennité donnée à la pose de la dernière pierre du portail occidental de l'église de Brou, est une preuve de votre sollicitude et de votre amour de l'art, un témoignage public de votre satisfaction, et pour nous une récompense et un encouragement.

« Appelé par la confiance du gouvernement à préparer et à diriger la restauration de ce monument, je me plais à rendre hommage au zèle, à l'aptitude et au dévouement de tous : inspecteurs, appareilleurs, sculpteurs, tailleurs de pierre, poseurs, charpentiers, tous ont rivalisé d'ardeur, tous ont travaillé avec la persévérance qui conduit au succès.

« Ce n'est pas sans émotion et c'est surtout avec respect que nous avons abordé la consolidation et la restauration de l'église de Brou, car nous avions à reproduire les œuvres des artistes habiles qui ont créé cet édifice, et nous devions craindre de ne pouvoir égaler leur perfection de main-d'œuvre, qui fait l'étonnement des gens du monde, et l'admiration des artistes ; perfection d'autant plus difficile à atteindre, que les nouveaux matériaux présentent plus de résistance, en même temps que les nouveaux appareils demandaient plus d'habileté chez les praticiens.

« Nous laissons à l'administration, nous laissons au public le soin de décider si l'œuvre que nous livrons à leur critique éclairée et bienveillante est faite avec conscience et talent. »

M. le préfet, dans une allocution d'un style élevé, servant de réponse au discours précédent, a retracé le mouvement de l'art religieux jusqu'au dix-neuvième siècle.

« Ce siècle, à la vue de tant de mutilations, se sentit comme saisi d'une immense piété filiale; il interrogea toutes ces ruines éparses, et la science lui dit le secret de chacune; l'art vint après, qui traduisit en merveilleuses restaurations les symboles retrouvés.

« Il vous a été donné, monsieur l'architecte, de faire revivre le chef-d'œuvre le plus merveilleux de cette époque de transition, qui n'était déjà plus le moyen âge, et qui n'était pas encore la Renaissance. Vous avez eu le bonheur de travailler sous les auspices d'un prélat vénéré, dont le goût est aussi pur qu'éclairé; mais il a fallu un profond amour de l'art, de solides et consciencieuses études, pour atteindre le degré de perfection auquel vous êtes parvenu. »

Dupasquier a exprimé à Mgr Devie les sentiments de reconnaissonce que sa constante bonté et son appui ont excités dans les cœurs, et qu'il tient à grand honneur d'être l'interprète en cette circonstance. Il a prié Sa Grandeur de lui permettre de rappeler ici la mémoire de M. le supérieur Perrodin, à l'obligeance continuelle et au bon accueil duquel il a dû de pouvoir étudier, comme artiste, le monument qui lui a été depuis confié.

Mgr Devie, ce prélat octogénaire, d'une voix forte et accentuée, qui s'est fait entendre de presque toute l'assemblée, a félicité l'architecte et les ouvriers de leurs travaux qui prouvent que non-seulement les ouvriers de nos jours ne font pas moins bien que les anciens, mais qu'ils ont fait mieux encore, puisque la délicatesse et la perfection sont égales et la solidité plus grande.

« Remercions Dieu d'abord, a ajouté le prélat, de ce qu'aucun accident n'est survenu dans le cours de cette œuvre difficile, et de ce que la joie de ce jour ne soit troublée par aucun triste souvenir. Remercions-le aussi des sentiments dont il a pénétré les cœurs de ceux qui ont, avec autant de zèle que de talent, exécuté ces travaux qu'admirera l'âge à venir, comme il l'avait fait pour ceux qui ont érigé cette église; leurs noms pourront être oubliés des hommes; mais Dieu n'oublie rien de ce qui se fait pour lui. »

Monseigneur a ajouté que la bénédiction qu'il allait répandre sur le travail des ouvriers, il l'étendait, dans son cœur, à eux et à leur famille.

La boîte renfermant l'inscription commémorative de cette cérémonie a été scellée dans le socle de la statue de saint André.

Les ouvriers de Brou, conviés par Dupasquier, se réunissaient le soir, au nombre de soixante, dans un banquet que M. le préfet a bien voulu présider.

M. Regenbal, ex-représentant, et l'un des praticiens employés à l'œuvre de Brou, a porté un toast à Dupasquier, continuateur de l'ancien architecte de cet édifice ; il a rendu hommage à ses légitimes espérances dans la perfection du travail, qui doit faire honneur au maître de l'œuvre et aux ouvriers ; il a en même temps caractérisé la pensée libérale qui avait voulu les réunir en pareil jour.

Note F, page 21.

Voici le fac-simile de l'inscription scellée :

RESTAURATION
DE L'ÉGLISE DE BROU
SOUS LE PONTIFICAT DE PIE IX
SOUS LA PRÉSIDENCE DE LOUIS-NAPOLÉON BONAPARTE,
M. DE CHANAL, CHEVALIER DE LA LÉGION D'HONNEUR, ÉTANT PRÉFET DE L'AIN
LA DERNIÈRE PIERRE PLACÉE SUR LA FAÇADE OCCIDENTALE
DE L'ÉGLISE DE BROU
A ÉTÉ BÉNITE LE XI: OCTOBRE MDCCCLI
PAR
MONSEIGNEUR DEVIE, ÉVÊQUE DE BELLEY
ASSISTÉ DE SES GRANDS VICAIRES
MM. PONCET, BUYAT, GUILLEMAIN
ET DE SON CLERGÉ
MONSEIGNEUR CHALANDON ÉTANT COADJUTEUR DU DIOCÈSE

MEMBRES DU CONSEIL GÉNÉRAL :

MM.	MM.
CHEVRIER CORCELLES (L.-JEAN-ÉLIE)	MOLLET-ROSELLY
PUGEON (JEAN-MARIE)	LABATIE
LEROI DE LA TOURNELLE (ADRIEN)	DANGEVILLE (ADOLPHE)
DUFOUR	DE JONAGE (CÉSAR)
DURAND (JEAN-JACQUES)	GUIGARD (ERNEST)
POISAT (MICHEL)	MONTANIER (LOUIS)
DE PARSEVAL (AUGUSTE-LOUIS)	JENIN DES ROTS (JULES)
BOUVIER BONET	RIVOIRE (CHARLES)

MM.	MM.
PITRE (JOSEPH)	CLERC (STANISLAS)
SIMONET	COTON
DE MORNAY (JULES)	DUCRET DE LANGE (A. M. J.)
RAVINET (NICOLAS-HIPPOLYTE)	MARGERAND (CLAUDE)
BOLLIET (JOSEPH)	MERLINO (C. A.)
LACOUR (LÉGER-MARIE)	BEATRIX (JOSEPH)
PASSERAT DE LA CHAPELLE	BALLEYDIER (JOSEPH
BOUVET (ARISTIDE)	TISSOT (LOUIS)
CAILLOU (JEAN-BAPTISTE-ANTOINE)	

M. VUILLOT SUPÉRIEUR ACTUEL DU GRAND SÉMINAIRE
(LES TRAVAUX ONT ÉTÉ ENTREPRIS SOUS M. PERRODIN, SUPÉRIEUR DÉFUNT)
LA RESTAURATION
DE CET ÉDIFICE OPÉRÉE AUX FRAIS DE L'ÉTAT
A ÉTÉ FAITE
D'APRÈS LES DESSINS ET SOUS LA DIRECTION
DE M. LOUIS DUPASQUIER, ARCHITECTE DIOCÉSAIN DE BELLEY ET D'AUTUN
PROFESSEUR A L'ÉCOLE LA MARTINIÈRE DE LYON
CORRESPONDANT DU MINISTÈRE DE L'INSTRUCTION PUBLIQUE
MEMBRE DE PLUSIEURS SOCIÉTÉS SAVANTES

Mgr Chalandon avait succédé à Mgr Devie, qui était plein de tant de bienveillance pour Dupasquier. Ce changement n'apporta aucun ralentissement dans les bons rapports du nouveau prélat et de l'architecte diocésain, rapports dont l'estime et la confiance faisaient le fonds; car après son installation, le nouveau prélat lui écrivait :

« Evreux, 5 août 1856.

« Monsieur,

« J'ai été heureux, en passant dans les bureaux du ministère, de voir la confiance que l'on témoignait avoir en vous. M. Hamille m'a exprimé le regret de ne plus vous avoir à Autun. Il a fallu céder à certaines influences de la préfecture. Le préfet de l'Ain, au contraire, a exprimé sa satisfaction, et a dit que peut-être bien vous bâtissiez un peu chèrement, mais qu'au moins c'était solide et de bon goût. Les bureaux apprécient votre respect de la légalité. »

La bienveillance de M. Chalandon pour l'architecte ne s'est pas démentie un seul instant. Ce dernier a toujours trouvé en lui un appui honorable, et ses demandes pour le service des édifices diocésains ont toujours été en harmonie avec ses devoirs et le désir de plaire à l'éminent administrateur du diocèse.

Note G, page 21.

Les archives de France consultées et interrogées à diverses reprises, n'avaient jeté aucun jour sur l'endroit où devaient se trouver les tombeaux des fondateurs de Brou; les documents ne pouvaient pas même indiquer l'emplacement occupé anciennement par la chapelle du prioré de cette église, chapelle dans laquelle on savait que la princesse Marguerite de Bourbon et son fils Philibert II avaient été inhumés. Dupasquier, sollicité par M. le comte de Coëtlogon, alors préfet de l'Ain, de faire des recherches dans ce but, pensa que la seule chance de réussite était de sonder les fondations des mausolées élevés au centre du chœur de l'église, dans l'ordre indiqué par le testament de la fondatrice.

Le 16 décembre 1856 des recherches furent commencées sous cette inspiration. Les essais, tentés sur le côté occidental des mausolées des deux princesses, mirent à découvert la maçonnerie des hautes fondations de l'église mais ne présentèrent aucune apparence de travail postérieur à leur établissement. D'autres fouilles furent entreprises sous le sol, au levant du mausolée de Marguerite d'Autriche, sans plus de résultat. La troisième fouille, qui fut tentée sous le pavage et au midi du mausolée de Philibert II, mit à découvert un empâtement en maçonnerie, ayant une saillie moyenne de 1^{m},00. Une fouille complémentaire fut commencée en tête et au couchant. l'architecte pensait avec raison que l'empâtement trouvé, laissant supposer un caveau, sous l'entrée de ce mausolée, l'entrée de ce caveau pouvait exister sur la face occidentale : ces prévisions furent réalisées. Les recherches, dirigées dans ce sens, firent découvrir plusieurs dalles fermant l'entrée de l'un des caveaux. L'une de ces dalles ayant été soulevée, on put voir un escalier en pierre desservant un caveau contenant trois cercueils.

Les dalles furent enlevées en présence de Mgr l'évêque, de M. le préfet, et le 18 septembre, à quatre heures du soir, ces illustres personnages pénétraient dans le caveau. Procès-verbal de cette découverte fut expédiée aux ministres compétents, et le caveau fut refermé pour être ouvert de nouveau le 28 septembre, pour permettre à l'architecte de relever l'état du caveau et des cercueils, copier les inscriptions et lui donner le moyen de préparer la restauration.

Sur l'ordre exprès du gouvernement, une cérémonie civile et religieuse eut lieu le 2 décembre 1838, pour la translation dans des cercueils provisoires des restes mortels des deux princesses : celui de Philibert ayant seul resisté à l'action des temps, pendant les trois siècles écoulés depuis l'inhumation.

Nous de décrirons pas la décoration créé par Dupasquier dans cette circonstance : l'architecte sut tirer parti de l'ornementation si belle et si riche de l'église de Brou, pour donner un caractère de deuil en harmonie avec cette cérémonie funèbre, qui dura deux jours.

Voici les noms des personnes qui assistaient à la translation des restes des deux princesses :

MM. le comte de Coëtlogon, préfet du département de l'Ain,
le commandeur comte Somis de Chiavrie, délégué de Sa Majesté le roi de Sardaigne,
Mgr Chalandon, évêque de Belley,
MM. le président du tribunal,
le maire de la ville de Bourg,
le procureur impérial,
le secrétaire général de la Préfecture,
le Dr Dupré,
Irenée Chalandon (frère de Monseigneur),
Louis Dupasquier, architecte diocésain,
Baux, archiviste du département.

La commission s'étant retirée à cinq heures et demie, pour se réunir dans le chœur de l'église, le clergé, ayant à sa tête son prélat, Mgr Chalandon, est venu prendre les cercueils pour les transporter dans la chapelle de la Vierge, disposée en *chapelle ardente*.

Cette cérémonie, accomplie à la lueur des lustres et des lampadaires, fut d'un effet saisissant, grâce à l'imposante pompe du culte et à l'ornementation remarquable du monument; aussi impressionna-t-elle vivement les assistants.

Dupasquier, à l'occasion de cette découverte, fut créé, comme nous l'avons dit, chevalier des ordres de Saints-Maurice-et-Lazare.

Une planche de l'intérieur du caveau, comprenant l'état ancien et la restauration qui en a été faite a été gravée aux frais de l'architecte et ajoutée à la *Monographie* de Brou.

Attaché au diocèse de Belley depuis 1843[1], Dupasquier a rempli ce service pendant vingt-deux ans[2]. En dehors des travaux d'entretien des édifices de ce diocèse, voici la note de ceux exécutés sous sa direction, pendant cette période :

Restauration de l'évêché (Belley) :

Restauration du grand séminaire de Brou :

Restauration des caveaux de Brou :

Restauration de l'église de Brou ;

Reliquaire de saint Anthelme (Belley) :

Chaire à prêcher (Belley) ;

Trône épiscopal (Belley) ;

Grilles en fer doré entourant la chaire de la cathédrale de Belley ;

Travaux de la manécanterie :

Ameublement des sacristies (Bellèy) :

Réfection de toutes les toitures de la cathédrale, travail ayant entraîné une dépense de plus de cent mille francs ;

Commencement d'une clôture, pour préserver l'église de Brou des dégradations journalières.

[1] Mais déjà, en 1843, on avait, sous sa direction, réparé la tour de Brou, avec le projet d'y élever une flèche en pierre.

[2] M. Dubuisson (Joseph), l'un de ses derniers élèves particuliers, a été, pendant douze ans, inspecteur de ce diocèse. Il est actuellement fixé en Amérique, où son talent lui permet d'occuper un poste lucratif.

Note H, page 25.

Voici la lettre adressée par les élèves de Dupasquier aux journaux de Lyon, *le Salut public*, *le Progrès*, *le Courrier de Lyon*.

« Lyon, le 21 septembre 1868.

« Monsieur le rédacteur,

« Plusieurs journaux viennent de rendre compte de l'inauguration solennelle de la cathédrale d'Autun, célébrée le 7 septembre 1868.

« Depuis trente ans, disent-ils, on travaillait à cette reconstruction qui est un véritable chef-d'œuvre de résurrection archéologique entrepris par M. Viollet-Leduc et terminé par M. Durand. On ne compte qu'un précédent de ce genre dans le magnifique travail de la tour Saint-Jacques.

« L'histoire des monuments de la France, ainsi que tous les documents qui s'y rattachent intéressent à des titres divers les écrivains de la presse, les archéologues et les artistes. C'est au nom de ces intérêts que nous venons réclamer de votre courtoisie habituelle, la la publicité de votre estimable journal, pour rectifier la version du narrateur anonyme de la cérémonie d'inauguration.

« Sans nous arrêter à l'expression hyperbolique de *résurrection archéologique*, que l'on compare au magnifique travail de la tour Saint-Jacques, nous exposerons simplement, avec la conviction de gens parlant *de visu*, que les travaux de la cathédrale d'Autun n'ont pas été entrepris par M. Viollet-Leduc, mais bien par M. Louis Dupasquier, architecte à Lyon. Cet architecte fut désigné par l'administration, à la suite d'une consultation ouverte entre plusieurs architectes de Paris et de Lyon. Il s'agissait de prévenir, par une reconstruction ou par un autre moyen, la chute des voûtes de la grande nef, qui avaient subi un affaissement considérable. On devait aussi présenter un sytème général de restauration de la cathédrale, dont la flèche, le portail principal et les chapelles de l'orient réclamaient d'importantes réparations. Il fallait aussi opérer la refection des voûtes, ou leur consolidation, sans interrompre le service du culte.

Nous tairons le nom de l'un des architectes consultés, — il était de Paris, — qui émit l'idée fort peu lumineuse, d'empêcher la chute des voûtes et des arcs doubleux, en plaçant au travers de la grande nef des tirans en fer, peints à la céruse, pour les dissimuler le plus possible à la vue.

« Un rapport dressé en 1840, par les architectes appelés en consultation, constate leurs propositions, et les idées émises par chacun d'eux (au nombre desquels ne se trouve pas Viollet-Leduc). Le projet proposé par M. Dupasquier fut préféré. Cet architecte reçut aussitôt l'ordre de dresser un devis général et de préparer les pièces nécessaires à l'adjudication des travaux, qui eut lieu peu de temps après.

« Les travaux commencèrent en 1844, sous la direction de M. Louis Dupasquier, qui les continua sans interruption les sept ou huit années suivantes [1]. Il opéra la démolition et la reconstruction des voûtes de la grande nef, celle des contreforts et des arcs-boutants à l'est et à l'ouest de la cathédrale, il restaura les chapelles Sainte-Anne et des fonts baptismaux ; il fit les études nécessaires pour la restauration du portail principal et pour la réparation de la flèche élevée au quinzième siècle, par le cardinal Rollin.

« En 1848, il y eut aussi une cérémonie de consécration célébrée par Mgr d'Héricourt, évêque d'Autun, qui adressa, à cette occasion, des félicitations à M. Dupasquier, *pour le succès désormais assuré* de la conservation des voûtes et des arcs-boutants à l'est et à l'ouest de la cathédrale. Une table de bronze, contenant les noms du souverain régnant, des administrateurs du département et du diocèse, celui de l'architecte lyonnais, Louis Dupasquier, fut scellée dans une boite de plomb enclavée dans l'une des voussures du côté oriental de la grande nef.

« Cette cérémonie, qui se célébrait au milieu des charpentes et à la

[1] Cette date, indiquée de mémoire par les signataires, a besoin d'une rectification : Dupasquier n'a quitté la direction des travaux d'Autun qu'en 1855. Les travaux en projets en 1852 ont encore été exécutés sous sa direction.

hauteur des voûtes, ne fut pas même soupçonnée des fidèles, agenouillés à quinze mètres au-dessous. Mais si elle n'eut pas l'éclat ostensible de celle que l'on vient de célébrer, elle n'en proclama pas moins l'habile coopération de notre professeur Dupasquier, dont on affecte aujourd'hui d'effacer le nom, au mépris des souvenirs et des droits les plus légitimes.

« Veuillez agréer, etc. »

Signé : MARTIN, architecte ; BARQUI, architecte ; JOURNOUD, architecte ; FLACHAT ; MAZERAT, architecte.

Au reste, l'avant-dernière année où il restait chargé du diocèse d'Autun, le 30 janvier 1854, M. Forcade, ministre des cultes, lui adressait la lettre suivante :

« Monsieur,

« A la suite de leur récente tournée d'inspection, MM. Vaudoyer et Viollet-Leduc, inspecteurs généraux des édifices diocésains, m'ont rendu les témoignages les plus satisfaisants du zèle et du soin que vous apportez dans les travaux des édifices diocésains d'*Autun* et de *Belley*, qui vous sont confiés ; ainsi que de la régularité de votre comptabilité. »

« Je suis heureux de pouvoir vous féliciter de vos bons services et vous en exprimer toute ma satisfaction. »

Note I, page 26.

Dupasquier fut mis en relation, par NN. SS. Devie et Chalandon, avec madame Sœur Saint-Claude, supérieure de la Congrégation des Dames de Saint-Joseph, à Bourg. En 1852, il faisait un rapport sur un de leurs établissements d'aliénés ; bientôt après, en 1853, il commença pour cette communauté une série de constructions neuves, de consolidations, de travaux divers, non interrompus jusqu'à l'année 1869.

Pendant seize ans, sous sa direction, les travaux de cette congrégation ont pris un développement remarquable ; l'aride nomenclature que nous en donnons suffit pour en accuser l'importance.

1. Reliquaire de Mgr Devie et de saint Clément.

2. Construction du premier pensionnat.

3. Construction du clocher et de la chapelle du noviciat.

4. Construction du deuxième pensionnat et façade de la chapelle.

5. Bâtiment des approvisionnements (noviciat).

6. Plantation et appropriation des deux clos (Humbert et du noviciat). Bassin, égout général, canaux, etc.

7. Mobilier religieux dans la chapelle du noviciat (confessionnaux, barrières, vitraux).

8. Grands magasins d'entrepôt et lingerie.

9. Service des eaux, pour le noviciat et la Magdeleine (asile d'aliénés).

10. Consolidation du grand bâtiment de l'asile Sainte-Magdeleine.

11. Agrandissement de la chapelle et de l'asile Sainte-Magdeleine.

12. Agrandissement de l'asile Sainte-Magdeleine.

13. Construction du bâtiment de cet établissement, servant à la communauté.

14. Consolidation d'un bâtiment, au noviciat.

15. Projet général d'un établissement d'aliénés à édifier dans la propriété de Cuègres (près Bourg).

16. Construction d'un bâtiment n° 1 de cet asile, en 1856.

Les données de ce projet furent longtemps discutées et il leur fut donné plusieurs solutions sous forme d'avant projet, afin que les directeurs de la congrégation fussent suffisamment éclairés sur l'établissement à former.

Le plan conçu par Dupasquier, et dans lequel il s'était efforcé de réunir toutes les améliorations réclamées et recherchées par les hommes spéciaux, fut adopté.

L'asile des aliénés, commencé en 1856, dans une vaste propriété située à Cuègres, a été placé sous le vocable de saint Georges, patron de Mgr Chalandon, évêque de Belley, qui en a posé la première pierre. Cet établissement est projeté pour contenir mille à douze cents malades.

En 1858, le 27 août, le conseil général du département de l'Ain visitait le premier bâtiment, en donnant l'appréciation suivante :

« Un membre rappelle la visite que le conseil général a faite le matin à Cuègres et demande qu'elle soit constatée dans le registre des délibérations.

« Lorsque, par les soins et aux frais d'une congrégation religieuse, dévouée au bien public, s'élève un établissement qui doit non-seulement rendre au département d'importants services, mais encore subsister comme un monument destiné à lui faire honneur, il importe que ses mandataires du département expriment le satisfaction que leur ont fait éprouver les travaux déjà exécutés et ceux qui restent à faire. Les Sœurs de Saint-Joseph et leur habile architecte sauront mener à une heureuse fin la grande entreprise qu'ils ont si bien commencée.

« Consulté par M. le président, le conseil général adopte les proposition suivante :

« M. le préfet tient à s'associer aux sentiments du conseil. Ses fréquents rapports avec la congrégation de Saint-Joseph lui apprennent chaque jour à l'estimer davantage, pour tout son dévouement à ce qui est bon et utile, et pour sa parfaite loyauté dans les affaires. »

M. le préfet Segaud, en adressant à M. Dupasquier un exemplaire des délibérations du conseil général de l'Ain de 1858, lui écrivait :

« J'espère que vous lirez avec satisfaction le passage de ce document où le conseil se plait à reconnaître, comme moi, le mérite de vos œuvres. »

Le *Journal de l'Ain* du 3 avril 1858, avait dit :

« Les bâtiments sont comme les jours, ils se succèdent et ne se ressemblent pas. Non loin de l'emplacement de l'ancien château de Montrevel, et du petit lac que le comte lui-même fit creuser pendant un hiver rigoureux, une construction nouvelle et vraiment monumentale s'achève : c'est le futur hospice ou plutôt le palais des aliénés. On dit que ces deux corps de logis et les trois pavillons ne sont encore que le quart de la construction totale. Il n'y a que les congrégations religieuses et charitables pour bâtir ainsi. »

M. le préfet, dans son rapport sur l'état du département, en 1858, à l'article *Aliénés*, s'exprimait ainsi :

« Cette première division d'un établissement qui se complétera peu à peu [1] a été organisée avec un luxe dans l'ensemble et un soin dans les détails qui répondent aux plus sévères exigences, et qui tendent à en faire un établissement modèle. »

Depuis les premiers jours des relations de Dupasquier avec la communauté de Saint-Joseph, si dignement représentée par madame de Saint-Claude, l'architecte n'a cessé de recevoir les témoignages de l'estime et de la confiance les plus entières, de la part de cette digne supérieure [2] et de madame Sainte-Placide qui lui a succédé. Elles aimaient à répéter à leur architecte les éloges que faisaient de ses travaux les hommes éclairés.

Ainsi madame de Saint-Claude lui écrivait en 1858 :

« M. de La Tournelle, membre du conseil général et ancien président de la cour de Dijon, disait en les visitant : « Les bâtiments de « l'asile de Saint-Georges sont beaux, non par les ornements, mais « par l'harmonie ; elle est parfaite. »

Ainsi encore madame Sainte-Placide lui écrivait en août 1866, à propos d'un travail difficile de consolidation, travail qui avait coûté 200,000 fr.

« Vous apprendrez avec plaisir, sans doute, que la commission de surveillance de nos asiles s'est rendue à la Magdeleine la semaine dernière ; elle a été enchantée des réparations du bâtiment. »

1 La Congrégation de Saint-Joseph a en sa possession tous les éléments nécessaires pour l'achèvement de cet asile : plans, devis, faits avec le soin minutieux, que l'on se plaît à reconnaître chez l'architecte.

2 Après la mort de cette digne supérieure, M le chanoine Perier, conseiller, directeur et père spirituel de la congregation de Saint-Joseph, écrivait à Dupasquier le 18 août 1866 :

« Permettez-moi, monsieur, de reitérer ma prière, que déjà je vous ai adressée de vive voix, c'est de conserver à la chapelle de la mère Saint-Claude son cachet de simplicité et de gracieuseté. Mais j'oublie que je m'adresse à l'homme qui vénère le plus sa mémoire et que distinguent également son bon goût, son intelligence et son rare talent d'execution. Ce n'est point ici un compliment que tout le monde pourrait faire : c'est de la justice que je vous rends. »

Note K, page 29.

On doit à Dupasquier la construction des églises de Blacé, de Fareins, de Saint-Martin-du-Mont, de Vaux-en-Velin, de Saint-Christophe, de Pisay, de Faramans, de Villebois, de Guereins, de Miribel, de Beauregard, de Domsure, de Bellegarde, de Massignieu, de Marboz, de Loyette, de Fontaines-sur-Saône [1], de la chapelle de Charbonnières, de celle du petit séminaire de Meximieux [2].

La construction de l'établissement orthopédique du docteur Milliet, à Lyon, du magasin de fer de MM. Gonon et Languinier, à Lyon, des écoles communales et du presbytère de Tarare, de l'hôtel des *Beaux-Arts*, pour le peintre Richard, l'une de nos gloires artistiques, hôtel dans lequel l'architecte a, l'un des premiers, donné l'exemple d'introduire l'art et le luxe des décorations, dans une maison consacrée au revenu.

Avec la restauration de l'école La Martinière, de l'établissement de M. Binet, à Champvert, du château de Montmelas, de celui de M. Roche, à Saint-Julien, Dupasquier avait encore fait le plan et les projets des églises de Villeurbanne, de Saint-Pierre de Mâcon, d'Échalon, de Lagnieux, de Neuville-les-Dames, de Saint-Martin-du-Frêne, de Martignat, de Pont-d'Ain, de Saint-Cyr-sur-Monthon, et ceux de la restauration de l'église de Saint-Bonaventure.

Il avait élaboré également le projet d'un château pour M. de la Celle, à Agen ; d'un établissement général pour les Dames Ursulines de Trévoux ; d'une maison commune et d'un hôpital, pour Tarare.

[1] Voir la façade de cette église à la fin de cette notice.

[2] Plusieurs de ces édifices religieux sont d'un style modeste qui atteste la pénurie des ressources dont l'architecte pouvait disposer. Il fallait faire plier l'art aux nécessités parcimonieuses du budget des communes rurales. Et certes, il y avait un mérite assez rare à faire bien avec des ressources bornées, plutôt que d'entraîner les paroisses à des dépenses ruineuses, en déployant du luxe pour faire briller le talent de l'architecte.

FIN

LYON. — IMPRIMERIE PITRAT AINÉ, RUE GENTIL, 4

DESCRIPTION

DE DIVERS

COLÉOPTÈRES BRÉVIPENNES

NOUVEAUX OU PEU CONNUS

PAR

E. MULSANT ET CL. REY

Présentée à la Société Linnéenne de Lyon le 30 mars 1873.

Myllaena incisa

Suballongée, peu convexe, finement duveteuse, très-finement et très-densement chagrinée; d'un noir mat, avec le premier article des antennes, la bouche et les pieds d'un testacé obscur. Antennes grêles, faiblement épaissies vers leur extrémité; à penultièmes articles (8-10) *plus longs que larges. Prothorax subtransverse, beaucoup plus étroit en avant, assez fortement arqué sur les côtés, aussi large postérieurement que les élytres; à angles postérieurs obtus, non recourbés en arrière. Élytres assez courtes, un peu moins longues que le prothorax, à peine convexes. Abdomen assez fortement convexe à son extrémité. Distinctement sétosellé. Tarses postérieurs allongés, un peu moins longs que les tibias.*

Long., 0m,0029 (1 1/3 l.); — larg., 0m,0010 (1/2 l.).

Patrie : midi de la France, au bord des eaux saumâtres.

Oligota (Logiota) picescens

Oblongue, assez large, peu convexe, très-finement et subéparsement pubescente, très-finement pointillée, d'un noir brillant avec les élytres brunâtres, la bouche, la base des antennes et les pieds d'un testacé de poix. Antennes à massue très-allongée, graduée, de cinq articles. Prothorax fortement transverse, rétréci en avant, subarqué sur les côtés, un peu moins large en arrière que les élytres, nullement bissinué à la base. Élytres transverses, beaucoup plus longues que le prothorax. Abdomen subatténué seulement vers son extrémité, à cinquième segment beaucoup plus long que le quatrième, moins densement pointillé que les précédents.

Long., 0m,0014 (2/3 l.).

PATRIE : le Beaujolais, dans les caves.

Oligota picipennis

Suballongé, assez étroite, subparallèle, subconvexe, très-finement et densement pubescente, très-finement et densement pointillée, d'un noir assez brillant, avec les élytres d'un brun châtain, le sommet de l'abdomen couleur de poix, la base des antennes et les pieds, d'un roux ferrugineux. Antennes à massue graduée de quatre articles. Prothorax très-fortement rétréci en avant, subarqué sur les côtés, aussi large en arrière que les élytres, à peine bissinué à sa base. Élytres fortement transverses, beaucoup plus longues que le prothorax. Abdomen subparallèle, densement et uniformément pointillé, à cinquième segment sensiblement plus grand que le quatrième.

Long., 0,0012 (1/2 l.).

PATRIE : le Beaujolais.

Oligota aliena

Allongée, étroite, sublinéaire, assez convexe, très-finement et subéparsement pubescente, très-finement et densement pointillée, d'un noir de poix brillant, avec les élytres et le prothorax moins foncés, les côtés de celui-ci, le dessous des épaules et l'extrémité de l'abdomen largement d'un roux plus ou moins vif, la bouche, la base des antennes et les pieds testacés. Antennes à massue assez brusque de trois articles. Prothorax assez fortement transverse, sensiblement rétréci en avant, à peine arqué sur les côtés, aussi large en arrière que les élytres, non bissinué vers sa base. Élytres assez fortement transverses, un peu plus longues que le prothorax. Abdomen subparallèle, uniformément pointillé, à cinquième segment beaucoup plus grand que le quatrième.

Long., 0m,0011 (1/2 l.).

Cette espèce a été trouvée à Cette par M. Valéry Mayet, parmi les arachides venant du Sénégal.

Oligota convexa

Suballongée, assez étroite, subparallèle, fortement convexe, très-finement et densement pointillée, d'un noir brillant, avec les antennes obscures et les pieds roux. Antennes à massue graduée de quatre article. Prothorax fortement transverse, un peu rétréci en avant, subarqué sur les côtés, aussi large en arrière que les élytres, faiblement bissinué à la base. Élytres fortement transverses, sensiblement plus longues que le prothorax, plus fortement ponctuées que celui-ci. Abdomen subparallèle, convexe, densement pointillé, à troisième segment subégal au quatrième.

Long., 0m,0011 (1/2 l.).

PATRIE : la Provence.

Oligota australis

Suballongée, assez étroite, subparallèle, subconvexe, très-finement et assez densement pubescente, très-finement et densement pointillée, d'un brun de poix châtain, avec la tête et l'abdomen noirs, l'extrémité de celui-ci d'un roux de poix, la bouche, les antennes, et les pieds roux. Antennes à massue graduée de quatre articles. Prothorax fortement transverse, sensiblement rétréci en avant, subarqué sur les côtés, à peine moins large en arrière que les élytres, légèrement bissinué à la base. Élytres assez fortement transverses, beaucoup plus longues que le prothorax. Abdomen subparallèle, finement pointillé, moins densement vers le sommet du cinquième segment : celui-ci subégal au quatrième.

Long., 0^m,0012 (1/2 l.).

PATRIE : la Provence.

Oligota fuscipes

Allongée, étroite, sublinéaire, assez convexe, finement et assez densement pointillée, d'un noir brillant, avec les pieds et les antennes obscures ; la base de celles-ci d'un roux de poix. Antennes à massue assez brusque, de trois articles. Prothorax très-fortement transverse, un peu rétréci en avant, arqué sur les côtés, aussi large en arrière que les élytres, à peine bissinué à sa base. Élytres très-courtes, un peu plus longues que le prothorax. Abdomen subparallèle, uniformément pointillé, à cinquième segment subégal au quatrième.

Long., 0^m,0011 (1/2 l.).

PATRIE : la France orientale, les environs de Lyon ; elle vit en compagnie de la *Formica rufa*.

Oligota pilosa

Suballongée, assez étroite, subparallèle, subconvexe, finement, subéparsement et assez longuement pubescente, très-finement et densement pointillée, d'un brun de poix châtain et brillant, avec la bouche, les antennes, les pieds et le sommet de l'abdomen roux. Antennes à massue suballongée de trois articles. Prothorax fortement transverse, un peu rétréci en avant, subarqué sur les côtés, aussi large en arrière que les élytres, à peine bissinué à sa base. Élytres assez fortement transverses, sensiblement plus longues que le prothorax. Abdomen subparallèle, uniformément pointillé, à cinquième segment subégal au quatrième.

Long., $0^{m},0010$ (1/2 l. à peine).

Patrie : le Beaujolais, dans le nid de la *Formica rufa.*

Oligota misella

Allongée, étroite, sublinéaire, assez convexe, très-finement et subéparsement pubescente, très-finement et très-densement pointillée, d'un noir brillant, avec la bouche, la base des antennes et les pieds d'un roux testacé. Antennes à massue brusque de trois articles. Prothorax fortement transverse, un peu rétréci en avant, subarqué sur les côtés, aussi large en arrière que les élytres, faiblement bissinué à sa base, presque lisse sur son milieu. Élytres médiocrement transverses, sensiblement plus longues que le prothorax. Abdomen atténué vers son sommet, uniformément pointillé à cinquième segment subégal au quatrième.

Long., $0^{m},0010$ (1/2 l. à peine).

Patrie : les environs de Lyon.

Myrmedonia (Myrmelia) excepta

Assez allongée, légèrement convexe, à peine pubescente, d'un noir très-brillant, avec la bouche, les antennes et les pieds roux. Tête transverse, un peu moins large que le prothorax, presque lisse. Antennes assez légèrement épaissies, à troisième article à peine plus long que le deuxième, les cinquième à septième assez légèrement, les huitième à dixième assez fortement transverses, le dernier oblong. Prothorax fortement transverse, à peine rétréci en arrière, un peu moins large que les élytres, subdéprimé ou à peine sillonné sur son milieu, presque lisse. Élytres fortement transverses, à peine plus longues que le prothorax, finement et assez densement ponctuées. Abdomen obsolètement et peu ponctué.

Long., 0^m,0043 (2 l.) ; — larg., 0^m,0010 (1/2 l.).

PATRIE. Cette espèce remarquable a été prise, dans le mois de mai, au pied d'un arbre, en compagnie de fourmis, aux environs de Marseille, entre la station du Pas-des-Lanciers et Marignane.

Kraatzia lævicollis

Suballongée, assez large, subfusiforme, subdéprimée ou peu convexe, finement et parcimonieusement pubescente, d'un noir très-brillant avec le disque des élytres d'un testacé de poix, le sommet de l'abdomen d'un brun roussâtre, les antennes d'un roux ferrugineux, la base de celles-ci, la bouche et les pieds testacés. Tête moins large que le prothorax, presque lisse. Antennes à troisième article plus long que le deuxième, le quatrième oblong, les cinquième à dixième graduellement plus courts avec celui-ci subtransverse. Prothorax assez fortement transverse, subrétréci en arrière, sensiblement moins large que les élytres, presque lisse. Élytres fortement transverses, à peine aussi longues que le prothorax, légèrement et assez densement ponctuées. Abdomen subatténué en arrière, fortement sétosellé, légèrement et lâchement ponctué vers sa base, lisse postérieurement.

Long., 0m,0032 (1 1/2 l.) ; — larg., 0m,0010 (1/2 l.).

Patrie. Cette espèce est rare. On la rencontre dans la France méridionale, en mars et avril, sous les pierres, en compagnie de fourmis du genre *Atta*, et principalement de l'*Atta capitata*, Latreille.

Thamiaræa australis

Assez allongée, subfusiforme, subdéprimée, finement et densement pubescente, d'un roux obscur et peu brillant, avec le disque du prothorax un peu rembruni, la tête et l'abdomen d'un noir de poix brillant, le sommet et les intersections de celui-ci roussâtres, la bouche, la base des antennes et les pieds d'un roux testacé. Tête moins large que le prothorax, finement et assez densement ponctuée, presque lisse sur son milieu. Antennes légèrement épaissies faiblement pilosellées, à troisième article un peu plus long que les deuxième le quatrième légèrement, le cinquième sensiblement, les sixième, à dixième médiocrement ou assez fortement transverses. Prothorax fortement transverse, à peine plus étroit en avant, un peu ou à peine moins large que les élytres, subarqué sur les côtés, à peine sillonné vers sa base, finement et densement ponctué. Élytres assez fortement transverses, sensiblement plus longues que le prothorax, subdéprimées, finement et densement ponctuées. Abdomen graduellement atténué en arrière, distinctement sétosellé vers son sommet, finement et assez densement ponctué vers sa bases presque lisse postérieurement.

Long., 0m,0038 (1 3/4 l.) ; — larg., 0m,0012 (1/2 l.).

Patrie. Cette espèce se trouve dans les plaies des arbres, dans les montagnes de la Provence, où elle est assez rare.

Colpodota parens

Suballongé, assez large, fusiforme, assez convexe, très-finement et densement pubescente, d'un noir de poix peu brillant, avec les élytres et les antennes brunâtres, la base de celles-ci, la bouche et les pieds testacés, et l'extrémité de l'abdomen d'un roux testacé. Tête très-finement et densement pointillée. Antennes visiblement épaissies vers leur extrémité, assez brièvement pilosellées, avec les deuxième et troisième articles subégaux, le quatrième à peine, les sixième à dixième fortement transverses. Prothorax fortement transverse, assez convexe, un peu rétréci en avant, aussi large en arrière que les élytres, modérément arqué latéralement, légèrement sinué sur les côtés de sa base, très-finement et très-densement pointillé. Élytres fortement transverses, un peu plus longues que le prothorax, subdéprimées, finement, densement et subruguleusement pointillées. Abdomen assez fortement atténué vers son extrémité, à pubescence longue et subégalement serrée, fortement sétosellé, finement et densement pointillé vers sa base, un peu moins densement en arrière. Tarses postérieurs allongés, un peu moins longs que les tibias.

Long., 0,0022 (1 l.) ; — larg., 0,0005 (1/4 l.).

Patrie. Cette espèce se prend en automne, parmi les mousses et les vieux fagots. Elle est assez rare et se rencontre dans les environs de Lyon ainsi que dans le Beaujolais.

Colpodota piceorufa

Allongée, assez étroite, subfusiforme, légèrement convexe, très-finement et densement pubescente, d'un roux de poix un peu brillant, avec la tête rembrunie, les antennes ferrugineuses, la base de celles-ci, la bouche et les pieds testacés, et l'extrémité de l'abdomen d'un roux testacé. Tête obsolètement pointillée sur ses côtés, presque lisse sur son milieu. Antennes sensiblement épaissies vers leur extrémité, assez fortement pilosellées, avec le troisième article à peine moins long que le deuxième, le quatrième à peine, les cinquième à dixième fortement transverses. Prothorax fortement transverse, assez convexe, un peu rétréci en avant, aussi large en arrière que les élytres, modérément arqué latéralement, faiblement sinué sur les côtés de sa base, très-finement et densement pointillé. Élytres très-fortement transverses, de la longueur du prothorax, subdéprimées, finement, dense-

ment et subruguleusement pointillées. Abdomen assez fortement atténué en arrière, longuement et subégalement pubescent, assez fortement sétosellé, finement et densement pointillé vers sa base, plus parcimonieusement vers son extrémité. Tarses postérieurs allongés, un peu moins longs que les tibias.

Long., 0^m,0020 (1 l. à peine); — larg., 0^m,0004 (1/5 l.).

Patrie. Cette espèce est très-rare. Elle a été capturée dans les environs de Lyon.

Colpodota subgrisescens

Allongée, subfusiforme, peu convexe, très-finement et densement pubescente, d'un noir peu brillant, avec la bouche, la base des antennes et le sommet de l'abdomen d'un brun de poix un peu roussâtre, et les pieds testacés. Tête finement et modérément ponctuée, plus parcimonieusement sur son milieu. Antennes sensiblement épaissies vers son extrémité, légèrement pilosellées, avec les deuxième et troisième articles subégaux, le quatrième légèrement, le cinquième sensiblement, les sixième à dixième assez fortement transverses. Prothorax assez fortement transverse, subconvexe, un peu rétréci en avant, médiocrement arqué latéralement, aussi large en arrière que les élytres, sensiblement sinué de chaque côté de sa base, très-finement et densement pointillé. Élytres fortement transverses, un peu plus longues que le prothorax, subdéprimées, finement, densement et subruguleusement ponctuées. Abdomen assez fortement atténué vers son extrémité, subégalement pubescent, fortement sétosellé, finement et densement ponctué vers sa base, un peu moins densement en arrière. Tarses postérieurs suballongés, sensiblement moins longs que les tibias.

Long., 0,0023 (1 l.); — larg., 0,0006 (1/4 l. à peine).

Patrie. Cette espèce est rare. Elle a été prise en août, dans le Beaujolais, à la racine des champignons, surtout de l'*Agaricus aurantiacus* Dc.

Colpodota lacertosa

Suballongée, fusiforme, légèrement convexe, très-finement et assez densement pubescente, d'un noir assez brillant, avec la bouche, la base des antennes, les élytres et le sommet de l'abdomen d'un brun de poix, et les pieds testacés. Tête très-finement et densement pointillée. Antennes faiblement épaissies vers leur extrémité, brièvement pilosellées, avec les deuxième et troisième articles subégaux, le quatrième à peine, les cinquième à dixième assez fortement transverses. Prothorax assez fortement transverse, assez convexe, sensiblement rétréci en avant, médiocrement arqué sur les côtés, aussi large en arrière que les élytres, à peine sinué de chaque côté de sa base, très-finement et densement pointillé. Élytres fortement transverses, un peu plus longues que le prothorax, très-faiblement convexes, finement et densement pointillées. Abdomen fortement atténué vers son extrémité, longuement et subégalement pubescent, fortement sétosellé, finement et densement ponctué vers sa base, plus parcimonieusement en arrière. Tarses postérieurs allongés, un peu moins longs que les tibias.

Long., $0^{m},0017$ (3/4 l.); — larg., $0^{m},0004$ (1/5 l.).

Patrie. Cette espèce a été trouvée, en juin, dans la basse Bourgogne, aux environs de Cluny, sous les mousses humides.

Colpodota (Acrotona) negligens

Suballongée, fusiforme, subconvexe, finement et modérément pubescente, d'un noir brillant, avec les côtés du prothorax d'un roux de poix, les élytres châtaines, la bouche, les antennes et les pieds d'un roux testacé clair. Tête finement et subéparsement ponctuée. Antennes assez courtes, légèrement épaissies vers leur extrémité, assez fortement pilosellées, avec les deuxième et troisième articles subégaux, les quatrième et cinquième presque carrés, les sixième et septième à peine, les huitième à dixième visiblement transverses. Prothorax assez fortement transverse, assez convexe, un peu plus étroit en avant, sensiblement arqué latéralement, aussi large que les élytres, à peine sinué sur les côtés de sa base, souvent fovéolé au devant de l'écus-

son, finement, assez densement et subobsolètement pointillé. Élytres fortement transverses, subdéprimées, un peu plus longues que le prothorax, finement, densement et subruguleusement ponctuées. Abdomen sensiblement atténué vers son extrémité, à peine pubescent en arrière, éparsement sétosellé, finement et densement ponctué vers la base, parcimonieusement sur le quatrième segment, très-peu sur le cinquième, assez densement sur le sixième. Tarses postérieurs suballongés, sensiblement moins longs que les tibias.

Long., 0m,0026 (à peine 1 1/4 l.); — long., 0m,0007 (1/3 l.).

Patrie : Cette espèce se trouve, parmi les détritus végétaux, dans la Provence, et quelquefois aussi dans les environs de Lyon. Elle est assez rare.

Colpodota (Aerotona) laeticornis

Suballongée, subfusiforme, subconvexe, finement et subéparsement pubescente, avec les élytres d'un brun de poix, la bouche, les antennes et les pieds testacés. Tête finement et parcimonieusement ponctuée. Antennes assez courtes, légèrement épaissies vers leur extrémité, légèrement pilosellées, à troisième article à peine moins long que le deuxième, les quatrième et cinquième suboblongs, les sixième et septième à peine, les huitième à dixième légèrement transverses. Prothorax fortement transverse, subconvexe, un peu rétréci en avant, fortement arqué sur les côtés, aussi large que les élytres, très-faiblement sinué de chaque côté de sa base, finement et assez densement ponctué. Élytres très-fortement transverses, à peine plus longues que le prothorax, subdéprimées, assez finement, assez densement et râpeusement ponctuées. Abdomen sensiblement atténué vers son extrémité, presque glabre en arrière, éparsement sétosellé sur les côtés, finement et assez densement ponctué vers sa base, parcimonieusement ponctué ou presque lisse postérieurement. Tarses postérieurs suballongés, sensiblement moins longs que les tibias.

Long., 0m,0026 (à peine 1 1/4 l.); — larg., 0m,0007 (1/3 l.).

Patrie. Cette espèce est rare en France. Elle a été prise au mont Dore (Auvergne), parmi les lichens des sapins, dans les forêts des environs de

Cluny (Saône-et-Loire), dans les environs du Hâvre et dans d'autres localités froides ou boisées.

Colpodota (Acrotona) navicula

Suballongée, fusiforme, subdéprimée, très-finement et assez densement pubescente, d'un noir assez brillant, avec la base des antennes, la bouche et les élytres brunâtres, et les pieds testacés. Tête finement et assez densement pointillée. Antennes légèrement épaissies vers leur extrémité, distinctement pilosellées, à premier article médiocrement renflé, les deuxième et troisième subégaux, le quatrième légèrement, les cinquième à dixième assez fortement transverses. Prothorax assez fortement transverse, légèrement convexe, un peu rétréci en avant, médiocrement arqué sur les côtés, aussi large que les élytres, subsinué de chaque côté de sa base, subfovéolé et subsillonné au devant de l'écusson, finement et densement pointillé. Élytres fortement transverses, à peine plus longues que le prothorax, subdéprimées, assez finement et densement pointillées. Abdomen assez sensiblement atténué vers son extrémité, parcimonieusement pilosellé, à pubescence moins serrée en arrière, finement et densement ponctué vers sa base, peu sur le quatrième segment, presque lisse sur le cinquième. Tarses postérieurs suballongés, sensiblement moins longs que les tibias.

Long., 0^m,0021 (1 l.) ; — larg., 0^m,0005 (1/4 l.).

Patrie. Cette espèce est rare. Elle se trouve, parmi les feuilles mortes, dans les environs de Lyon et dans le Beaujolais.

Colpodota (Solenia) simulans

Suballongée, subfusiforme, assez convexe, finement et modérément pubescente, d'un noir brillant, avec le sommet de l'abdomen couleur de poix, la bouche, les antennes et les pieds d'un roux ferrugineux. Tête finement et éparsement ponctuée. Antennes légèrement épaissies vers leur extrémité, assez fortement pilosellées, avec les deuxième et troisième articles subégaux, les quatrième et cinquième suboblongs, les sixième à dixième aussi longs que larges. Prothorax assez fortement transverse, sensiblement convexe, fortement rétréci en avant, médiocrement arqué latéralement, aussi large en arrière que les élytres, non visiblement sinué sur les côtés de sa base, légèrement canaliculé sur sa ligne médiane, finement et densement ponctué. Élytres assez fortement transverses, à peine plus longues que le prothorax, légèrement convexes, finement et densement ponctuées. Abdomen subatténué vers son extrémité, éparsement sétosellé sur les côtés, finement et modérément ponctué vers sa base, presque lisse en arrière. Tarses postérieurs suballongés, sensiblement moins longs que les tibias.

Long., 0m,0029 (1 1/3 l.); — larg., 0m,0008 (un peu plus de 1/3 l.).

PATRIE. Cette espèce a été prise dans les grottes crayeuses des environs de Dieppe (Normandie).

Hadura nudicornis

Suballongée, subfusiforme, peu convexe, très-finement et densement pubescentes, distinctement sétosellées sur les côtés, d'un noir peu brillant, avec les élytres d'un brun roussâtre, les antennes brunâtres, la bouche et les pieds d'un roux de poix. Tête finement et densement ponctuée. Antennes allongées, grêles, faiblement épaissies vers leur extrémité, à peine pilosellées, avec les deuxième et troisième articles subégaux, le quatrième presque carré, les cinquième à dixième à peine transverses. Prothorax légèrement transverse, un peu moins large que les élytres, faiblement arqué sur les côtés, obsolètement sillonné-canaliculé sur sa ligne médiane, finement et très-densement ponctué. Élytres assez fortement transverses, un peu plus longues que le prothorax, subdéprimées, finement, très-densement et subrugueusement ponctuées. Abdomen sensiblement atténué vers son extrémité, fortement sétosellé, finement et densement ponctué vers sa base, presque lisse en arrière. Tarses postérieurs assez allongés, un peu moins longs que les tibias.

Long., 0m,0027 (1 1/4 l.); — larg., 0m,0005 (1/4 l.).

PATRIE. Cette espèce a été prise dans les environs de Lyon, parmi les détritus végétaux charriés par le Rhône. Elle est très-rare.

Microdota (Hilara) fulva

Allongée, sublinéaire, légèrement convexe, très-finement et peu pubescente, d'un roux ferrugineux brillant, avec la tête, la poitrine et une large ceinture abdominale d'un noir de poix, la base des antennes, la bouche et les pieds testacés. Tête à peine pointillée ou presque lisse. Antennes suballongées, sensiblement épaissies vers leur extrémité, distinctement pilosellées, à troisième article un peu plus court que le deuxième, le quatrième médiocrement, les cinquième à dixième fortement transverses. Prothorax sensiblement transverse, plus étroit en avant, un peu moins large que les élytres, visiblement arqué sur les côtés, très-finement et subéparsement pointillé. Élytres assez fortement transverses, un peu plus longues que le prothorax, à peine convexes, finement et densement pointillées. Abdomen subparallèle, obsolètement sétosellé, finement et parcimonieusement pointillé vers sa base, très-peu en arrière. Tarses postérieurs peu allongés, sensiblement moins longs que les tibias.

Long., 0m,0017 (4/5 l.); — larg., 0m,00037 (1/6 l.).

Patrie : Cette espèce est très-rare. Elle a été prise à la Grande-Chartreuse.

Microdota (Philhygra) perdubia

Allongée, linéaire, subdéprimée, très-finement et densement pubescente, d'un noir brillant, avec les antennes obscures, la bouche d'un roux de poix et les pieds testacés. Tête légèrement ponctuée. Antennes légèrement épaissies vers leur extrémité, à peine pilosellées, à troisième article un peu moins long que le deuxième, les quatrième et cinquième sensiblement, les sixième à dixième fortement transverses. Prothorax assez fortement transverse, presque aussi large que les élytres, presque droit sur les côtés, subfovéolé vers sa base, obsolètement et densement pointillé. Élytres presque carrées, beaucoup plus longues que le prothorax, subdéprimées, finement et très-densement pointillées. Abdomen subparallèle, à peine sétosellé, finement et densement pointillé vers sa base, presque lisse en arrière, à cinquième segment sensiblement plus long que les précédents. Tarses postérieurs suballongés, moins longs que les tibias.

Long., 0m,0027 (1 1/4 l.) ; — larg., 0m,0005 (1/4 l.).

Patrie. Cette espèce a été trouvée parmi les débris charriés par le Rhône, aux environs de Lyon. Elle est très-rare.

Microdota (Philhygra) obscura

Allongée, linéaire, subdéprimée, finement et modérément pubescente, d'un noir brillant, avec la bouche et les antennes d'un roux brunâtre, et les pieds testacés. Tête lisse ou presque lisse. Antennes légèrement épaissies vers leur extrémité, obsolètement pilosellées, avec le troisième article un peu moins long que le deuxième, le quatrième à peine, les cinquième à dixième sensiblement transverses. Prothorax assez fortement transverse, presque aussi large que les élytres, subarqué sur les côtés, obsolètement fovéolé vers sa base, très-finement, obsolètement et densement pointillé. Élytres à peine transverses, beaucoup plus longues que le prothorax, déprimées, très-finement, légèrement et densement pointillées. Abdomen subparallèle, à peine sétosellé, finement et densement ponctué vers sa base, presque lisse en arrière, à cinquième segment sensiblement plus long que les précédents. Tarses postérieurs suballongés, sensiblement moins longs que les tibias.

Long., 0m,0026 (1 1/5 l.) ; — larg., 0m,0005 (1/4 l.).

Patrie : Cette espèce est très-rare. Elle a été prise dans les environs de Lyon, parmi les feuilles mortes et mouillées.

Microdota brunnipes

Assez allongée, sublinéaire, subdéprimée, très-finement et peu densement pubescente, d'un noir de poix brillant, avec l'extrémité des élytres et les pieds brunâtres, et les tarses testacés. Tête obsolètement et subéparsement ponctuée. Antennes à peine épaissies vers leur extrémité, légèrement pilosellées, à troisième article assez allongé, un peu moins long et plus grêle que le deuxième, le quatrième suboblong, les cinquième à dixième médiocrement transverses. Prothorax assez fortement transverse, un peu moins large que les élytres, légèrement arqué sur les côtés, obsolètement fovéolé vers sa base, très-finement et assez densement ponctué. Élytres assez fortement transverses, un peu plus longues que le prothorax, subdéprimées, très-finement chagrinées et en outre finement et assez densement ponctuées. Abdomen à peine atténué vers son extrémité, légèrement sétosellé, finement et très-parcimonieusement ponctué ou presque lisse, à cinquième segment subégal aux précédents. Tarses postérieurs assez allongés, un peu moins longs que les tibias.

Long., 0^m,0027 (1 1/4 l.); — larg., 0^m,0007 (1/3 l.).

PATRIE : Cette espèce est très-rare. Elle se trouve dans les environs de Lyon.

Microdota parvicornis

Allongée, sublinéaire, subdéprimée, finement et subéparsement pubescente, d'un noir de poix assez brillant, avec la bouche, la base des antennes et les pieds testacés. Tête très-finement et éparsement ponctuée sur les côtés, lisse et impressionnée sur son milieu. Antennes légèrement épaissies vers leur extrémité, assez fortement pilosellées, à troisième article oblong, obconique, sensiblement plus court et plus grêle que le deuxième, le quatrième légèrement, les sixième à dixième fortement transverses. Prothorax assez fortement transverse, un peu moins large que les élytres, subrétréci en arrière, sensiblement arqué sur les côtés, à peine impressionné vers sa base, finement et densement ponctué. Élytres fortement transverses, un peu plus longues que le prothorax, subdéprimées, finement et densement ponctuées. Abdomen subparallèle, légèrement pilosellé, finement et assez densement ponctué vers sa base, presque lisse en arrière. Tarses postérieurs suballongés, sensiblement moins longs que les tibias.

Long., 0^m,0016 (3/4 l.); — larg., 0^m,00035 (1/6 l.).

PATRIE. Cette espèce est rare. Elle se prend dans les champignons et sous les mousses décomposées, dans les environs de Lyon, le Beaujolais et la Bourgogne.

Microdota asperana

Allongée, sublinéaire, subdéprimée, très-finement et assez densement pubescente, d'un noir de poix brillant avec les élytres brunes, la bouche et les antennes obscures, et les pieds testacés. Tête finement et assez densement ponctuée, subfovéolée sur son milieu. Antennes légèrement épaissies vers leur extrémité, distinctement pilosellées, à troisième article oblong, un peu moins long que le deuxième, le quatrième légèrement, les sixième à dixième fortement transverses. Prothorax médiocrement transverse, un peu moins large que les élytres, subarqué sur les côtés, subimpressionné vers sa base, finement canaliculé sur sa ligne médiane, assez finement, densement et subaspèrement ponctué. Élytres à peine transverses, sensiblement plus longues que le prothorax, déprimées, assez finement, densement et subaspèrement ponctuées. Abdomen à peine atténué vers son extrémité, distinctement sétosellé, finement et parcimonieusement ponctué vers sa base, lisse en arrière. Tarses postérieurs suballongés, sensiblement moins longs que les tibias.

Long., 0m,0028 (1 1/4 l.); — larg., 0m,0004 (1/5 l.).

PATRIE. Cette espèce a été prise sous les mousses, dans les collines des environs de Lyon.

Microdota sericea

Allongée, sublinéaire, subdéprimée, très-finement et peu densement pubescente, d'un noir brillant, avec les élytres d'un brun de poix, la bouche d'un roux obscur et les pieds d'un testacé clair. Tête très-finement et éparsement pointillée sur les côtés, lisse et souvent subfovéolée sur son milieu. Antennes faiblement épaissies vers leur extrémité, légèrement pilosellées, à troisième article à peine oblong, sensiblement plus court que le deuxième, le quatrième sensiblement, les sixième à dixième fortement transverses. Prothorax assez fortement transverse, un peu moins large que les élytres, faiblement arqué sur les côtés, obsolètement fovéolé vers sa base, parfois finement canaliculé sur sa ligne médiane, très-finement et assez densement pointillé. Élytres assez fortement transverses, sensiblement plus longues que le prothorax, subdéprimées, finement et assez densement pointillées. Abdomen à peine atténué vers son extrémité, faiblement sétosellé, finement et parcimonieusement ponctué vers sa base, lisse en arrière. Tarses postérieurs peu allongés, beaucoup moins longs que les tibias.

Long., 0m,0017 (4/5 l.); — larg., 0m,00035 (1/6 l.).

Patrie. Cette espèce est commune, au printemps et à l'automne, sous les détritus végétaux, dans presque toute la France : les environs de Paris et de Lyon, la Bourgogne, le Beaujolais, la Provence, etc.

Ceritaxa spissata

Allongée, sublinéaire, subconvexe, finement et peu densement pubescente, d'un noir de poix brillant, avec la bouche et la base des antennes d'un roux de poix, et les pieds testacés. Tête obsolètement pointillée. Antennes fortement et brusquement épaissies dès le cinquième article en massue subcylindrique, distinctement pilosellées, à troisième article à peine oblong, sensiblement moins long que le deuxième, le quatrième fortement, les cinquième à dixième très-fortement transverses, presque perfoliés. Prothorax assez fortement transverse, un peu moins large que les élytres, à peine rétréci en avant, à peine arqué sur les côtés, peu convexe, subfovéolé vers sa base, obsolètement canaliculé sur sa ligne médiane, finement, très-légèrement et assez densement pointillé. Élytres médiocrement transverses, un peu plus longues que le prothorax, subconvexes intérieurement, finement et densement pointillées. Abdomen à peine atténué vers son extrémité, éparsement sétosellé, finement et assez parcimonieusement pointillé vers sa base, lisse en arrière. Tarses postérieurs suballongés, sensiblement moins longs que les tibias.

Long., 0m,0020 (1 l. à peine); — larg., 0m,0004 (1/5 l.).

PATRIE. Cette espèce se trouve dans les forêts, dans le pédoncule des champignons. Elle est peu commune. Elle se rencontre dans la Bourgogne et le Beaujolais.

Homalota (Dimetrota) Lætipes

Allongée, subfusiforme, subdéprimée, finement et densement pubescente, d'un noir peu brillant, avec le prothorax moins foncé, les élytres et la base de l'abdomen d'un roux brunâtre, la bouche et la base des antennes testacés et les pieds pâles. Tête finement et légèrement pointillée. Antennes légèrement épaissies vers leur extrémité, obsolètement pilosellées, avec les deuxième et troisième articles subégaux, le quatrième transverse, le cinquième carré, les sixième à dixième légèrement transverses. Prothorax subtransverse, évidemment moins large que les élytres, à peine arqué sur les côtés, subfovéolé vers sa base, finement et densement pointillé. Élytres transverses, un peu plus longues que le prothorax, subdéprimées, finement et densement ponctuées. Abdomen subatténué vers son extrémité, à peine sétosellé vers son sommet, finement et assez densement ponctué vers sa base, lisse en arrière. Tarses postérieurs suballongés, moins longs que les tibias.

Long., 0m,0030 (1 1/3 l.); — larg., 0m,0006 (1/4 l.).

PATRIE. Cette espèce est très-rare. Elle a été trouvée en Provence, sous les détritus marins.

Homalota (Dimetrota) tristicula

Allongée, sublinéaire, subdéprimée, finement et peu densement pubescente, d'un noir assez brillant, avec la bouche, les antennes et les élytres brunâtres, et les pieds d'un testacé de poix. Tête finement et subéparsement ponctuée. Antennes faiblement épaissies vers leur extrémité, distinctement pilosellées, avec les deuxième et troisième articles subégaux, les quatrième et cinquième presque carrés, les sixième à dixième à peine transverses. Prothorax fortement transverse, à peine moins large que les élytres, sensiblement arqué sur les côtés, finement et obsolètement sillonné sur son milieu, finement et assez densement ponctué. Élytres assez fortement transverses, sensiblement plus longues que le prothorax, subdéprimées, finement, subrugueusement et densement ponctuées. Abdomen subatténué vers son extrémité, assez fortement sétosellé, assez parcimonieusement ponctué vers sa base, presque lisse en arrière. Tarses postérieurs assez allongés, un peu moins longs que les tibias.

Long., 0m,0034 (1 1/2 l.) ; — larg., 0m,00075 (1/3 l.).

Patrie. Cette espèce est très-rare. Elle a été recueillie dans le Beaujolais, sous les feuilles mortes.

Homalota (Alaobia) nutans

Allongée, sublinéaire, subdéprimée, finement et densement pubescente, d'un noir assez brillant, avec le prothorax brunâtre, les élytres et le sommet de l'abdomen d'un brun roussâtre, les antennes rousses, la base de celles-ci et la bouche d'un roux testacé, et les pieds testacés. Tête finement et densement pointillée. Antennes sensiblement et également épaissies dès le cinquième article, légèrement pilosellées, avec les deuxième et troisième articles subégaux, le quatrième fortement, les cinquième à dixième très-fortement transverses. Prothorax court, fortement transverse, subrétréci en arrière, à peine moins large que les élytres, subarqué sur les côtés, à peine impressionné vers sa base, très-finement et densement pointillé. Élytres fortement transverses, sensiblement plus longues que le prothorax, déprimées, finement, densement et ruguleusement ponctuées. Abdomen à peine atténué vers son extrémité, légèrement sétosellé vers son sommet, finement et densement pointillé sur les trois premiers segments, distinctement sur les quatrième et sixième, presque lisse sur le cinquième. Tarses postérieurs suballongés, sensiblement moins longs que les tibias.

Long., 0m,0025 (1 1/7 l.); — larg., 0m,0004 (1/5 l.).

PATRIE. Cette espèce a été prise parmi les mousses, dans les collines du Lyonnais, où elle est très-rare.

Homalota (Alaobia) taedula

Suballongée, subfusiforme, subdéprimée, finement et densement pubescente, d'un noir un peu brillant, avec les élytres brunâtres, la bouche et les pieds d'un testacé de poix. Tête finement et assez densement pointillée. Antennes assez sensiblement et subégalement épaissies dès leur cinquième article, distinctement pilosellées, avec les deuxième et troisième articles oblongs, subégaux, le quatrième fortement, les cinquième à neuvième très-fortement transverses, le dixième à peine moins court. Prothorax fortement transverse, non rétréci en avant, un peu moins large que les élytres, subarqué sur les côtés, obsolètement sillonné vers sa base, finement et densement ponctué. Élytres fortement transverses, un peu plus longues que le prothorax, subdéprimées, finement et densement ponctuées. Abdomen subatténué vers son extrémité, éparsement sétosellé, finement et densement pointillé sur les trois premiers segments, éparsement sur le quatrième, presque lisse sur le cinquième. Tarses postérieurs suballongés, sensiblement moins longs que les tibias.

Long., 0,0018 (4/5 l.) ; — larg., 0,0004 (1/5 l.).

PATRIE. Cette espèce est assez rare. Elle a été capturée dans les environs de Lyon et dans le Beaujolais, parmi les détritus végétaux.

Homalota (Atheta) decepta

Suballongée, peu convexe, finement et densement pubescente, d'un noir assez brillant, avec les élytres d'un testacé obscur, la bouche, la base des antennes et les pieds testacés. Tête finement et assez densement ponctuée. Antennes peu robustes, sensiblement épaissies vers leur extrémité, distinctement pilosellées, à troisième article évidemment plus long que le deuxième, le quatrième légèrement, les cinquième à neuvième fortement, le dixièm moins fortement transverses. Prothorax assez fortement transverse, à peine moins large que les élytres, faiblement arqué sur les côtés, à peine impressionné vers sa base, finement et densement ponctué. Élytres assez fortement transverses, évidemment plus longues que le prothorax, très-faiblement convexes, assez finement et densement ponctuées. Abdomen subatténué en arrière, légèrement sétosellé, finement et assez densement ponctué sur les quatre premiers segments, parcimonieusement mais distinctement sur le cinquième, celui-ci subégal au précédent. Tarses postérieurs suballongés, sensiblement moins longs que les tibias.

Long., 0,0034 (1 1/2 l.); — larg., 0,0008 (1/3 l. fort).

Patrie. Cette espèce est très-rare. Elle a été prise, en mai, à Lons-le-Saunier, sous les pierres, avec les fourmis, et aussi à Izeron (Rhône), dans les mêmes circonstances.

Homalota (Atheta) fulvipennis

Suballongée, sublinéaire, peu convexe, finement et légèrement pubescente, d'un noir brillant, avec les élytres d'un roux fauve, la bouche, la base des antennes et les pieds testacés. Tête à peine ponctuée. Antennes sensiblement épaissies vers leur extrémité, médiocrement pilosellées, avec le troisième article subégal au deuxième, les quatrième à peine, les cinquième à dixième sensiblement transverses. Prothorax fortement transverse, à peine moins large que les élytres, presque droit sur les côtés, subimpressionné vers sa base, finement et densement pointillé. Élytres fortement transverses, un peu plus longues que le prothorax, faiblement convexes intérieurement, finement, densement et subrugueusement ponctuées. Abdomen subparallèle ou à peine atténué vers son extrémité, légèrement sétosellé vers son sommet, finement et assez densement ponctué vers sa base, presque lisse en arrière. Tarses postérieurs suballongés.

Long., 0m,0029 (1 1/3 l.); — larg., 0m,0007 (1/3 l.).

PATRIE Cette espèce a été prise en Angleterre, dans les environs de Londres.

Homalota ebenina

Allongée, assez étroite, sublinéaire, peu convexe, finement et assez densement pubescente, d'un noir brillant, avec les élytres à peine moins foncées, la bouche et la base des antennes d'un roux de poix, et les pieds d'un roux testacé. Tête finement et subéparsement ponctuée. Antennes assez robustes, assez fortement épaissies vers leur extrémité dès le cinquième article, sensiblement pilosellées, d troisième article un peu plus long que le deuxième, le quatrième subtransverse, les cinquième à dixième assez fortement transverses, le dernier ovalaire-oblong ou conique. Prothorax transverse, non rétréci en arrière, à peine moins large que les élytres, à peine arqué sur les côtés, subimpressionné vers sa base, finement et assez densement ponctué. Élytres médiocrement transverses, sensiblement plus longues que le prothorax, très-faiblement convexes, assez finement et densement ponctuées. Abdomen subparallèle, à peine sétosellé, finement et parcimonieusement ponctué vers sa base, lisse en arrière. Tarses postérieurs suballongés, un peu moins longs que les tibias.

Long., 0m,0037 (1 3/4 l.) ; — larg., 0m,0007 (1/3 l.).

PATRIE. Cette espèce est très-rare. Elle a été prise à la Grande-Chartreuse, dans le voisinage d'un nid de *formica rufa.*

Homalota interrupta

Allongée, assez large, subfusiforme, subdéprimée, finement et peu densement pubescente, d'un noir brillant et submétallique, avec le disque des élytres d'un testacé obscur, la base des antennes et les pieds testacés. Tête finement et éparsement ponctuée. Antennes assez robustes, assez fortement épaissies vers leur extrémité dès le cinquième article, assez fortement pilosellées, avec les deuxième et troisième articles subégaux, le qua-

trième subtransverse, les cinquième à dixième assez fortement transverses, le dernier suballongé. Prothorax assez fortement transverse, non rétréci en arrière, un peu moins large que les élytres, subarqué sur les côtés, transversalement impressionné vers son tiers postérieur, finement et assez densement ponctué. Élytres médiocrement transverses, sensiblement plus longues que le prothorax, déprimées, assez finement et densement ponctuées. Abdomen subatténué postérieurement, éparsement sétosellé, parcimonieusement ponctué vers sa base, lisse en arrière. Tarses postérieurs suballongés, sensiblement moins longs que les tibias.

Long., 0m,0035 (1 2/3 l.) ; — larg., 0m,0008 (1/3 l. fort).

Patrie. Cette espèce est très-rare. Elle a été prise dans les environs de Lyon dans une souche cariée, en compagnie de la *Myrmica cæspitum*. Latreille.

Homalota foliorum

Allongée, peu convexe, finement et assez densement pubescente, d'un noir brillant submétallique, avec le premier article des antennes, les pieds et les élytres d'un testacé de poix, celles-ci largement rembrunies vers l'écusson et vers les angles postérieurs. Tête finement et modérément ponctuée, presque lisse sur son milieu. Antennes peu robustes, légèrement épaissies vers leur extrémité, distinctement pilosellées, avec le troisième article à peine plus long que le deuxième, les quatrième et cinquième presque carrés, les sixième et septième légèrement, les huitième à dixième sensiblement transverses. Prothorax transverse, non rétréci en arrière, un peu moins large que les élytres, légèrement arqué sur les côtés, légèrement fovéolé vers sa base, finement et assez densement ponctué. Élytres sensiblement transverses, évidemment plus longues que le prothorax, subdéprimées, assez finement et densement ponctuées. Abdomen subatténué postérieurement, distinctement sétosellé, finement et assez parcimonieusement ponctué vers sa base, lisse en arrière. Tarses postérieurs suballongés, sensiblement moins longs que les tibias.

Long., 0m,0037 (1 2/3 l.) ; — larg., 0m,0009 (1/2 l. à peine).

PATRIE. Cette espèce est médiocrement commune. Elle se prend sous les feuilles mortes, dans les bois des environs de Lyon et du Beaujolais.

Homalota robusta

Allongée, peu convexe, finement et assez densement pubescente, d'un noir brillant, avec les élytres et le sommet de l'abdomen brunâtres, la base des antennes d'un roux de poix, et les pieds testacés. Tête finement et modérément ponctuée sur ses côtés, presque lisse sur son milieu. Antennes assez robustes, assez sensiblement épaissies vers leur extrémité, distinctement pilosellées, avec le troisième article un peu plus long que le deuxième, le quatrième presque carré, le cinquième à peine plus long que large, un peu plus épais que le suivant, les sixième à dixième à peine ou légèrement transverses. Prothorax transverse, à peine rétréci en arrière, sensiblement moins large que les élytres, faiblement arqué sur les côtés, distinctement fovéolé vers sa base, finement et assez densement ponctué. Élytres sensiblement transverses, évidemment plus longues que le prothorax, subdéprimées, assez finement, densement et subruguleusement ponctuées. Abdomen subatténué postérieurement, distinctement sétosellé, finement et très-parcimonieusement ponctué vers sa base, lisse en arrière. Lame mésosternale sans rudiment de carène à sa base. Tarses postérieurs allongés, un peu moins longs que les tibias.

Long., 0m,0043 (2 l.) ; — larg., 0m,0011 (1/2 l.).

PATRIE. Cette espèce est très-rare. Elle a été prise dans les collines du Lyonnais, en compagnie de la *formica fuliginosa*.

Dinaraea (Aglypha) melanocornis

Allongée, linéaire, déprimée, finement et modérément pubescente, d'un noir assez brillant, avec la bouche brunâtre, et les pieds d'un roux de poix. Tête finement et médiocrement ponctuée, subsillonnée sur son milieu. Antennes visiblement épaissies vers leur extrémité, assez fortement pilosel-

lées, avec les deuxième et troisième articles subégaux, les quatrième et cinquième médiocrement, les septième à dixième fortement transverses. Prothorax transverse, à peine rétréci en arrière, un peu moins large à sa base que les élytres, assez largement sillonné sur sa ligne médiane, finement et assez densement ponctué. Élytres assez fortement transverses, à peine plus longues que le prothorax, déprimées, assez finement, subaspèrement et densement ponctuées. Abdomen subparallèle, fortement pilosellé vers son extrémité, finement et modérément ponctué vers sa base, lisse en arrière. Tarses postérieurs suballongés, à dernier article deux fois aussi long que le premier.

Long., 0^m,0033 (1 1/2 l.); — larg., 0^m,0007 (1/3 l.).

Patrie. Cette espèce est très-rare. Elle a été prise dans le tronc caverneux d'un vieux chêne, dans les collines des environs de Lyon.

Dinaraea (Glaphya) pubes

Allongée, linéaire, subdéprimée, finement, assez longuement et peu densement pubescente, d'un noir brillant, avec le sommet de l'abdomen d'un roux de poix, la bouche, les antennes et les pieds d'un roux testacé. Tête assez fortement ponctuée, subconvexe, unie. Antennes visiblement épaissies vers leur extrémité, assez fortement pilosellées, à deuxième et troisième articles subégaux, les cinquième et sixième à peine, les septième à dixième fortement transverses. Prothorax transverse, visiblement rétréci en arrière, à peine moins large en avant que les élytres, à peine fovéolé vers sa base, finement, obsolètement et assez densement pointillé. Elytres assez fortement transverses, un peu plus longues que le prothorax, assez finement et assez densement ponctuées. Abdomen subparallèle, légèrement sétosellé sur les côtés, finement et assez parcimonieusement ponctué vers sa base, lisse en arrière. Tarses postérieurs suballongés, à dernier article deux fois aussi long que le premier.

Long., 0^m,0030 (1 1/3 l.); — larg., 0^m,00055 (1/4 l.).

Patrie. Cette espèce habite la Normandie, sur les bords de la mer.

Plataraea geniculata

Allongée, sublinéaire, subdéprimée, finement et peu densement pubescente, d'un noir assez brillant, avec les genoux et les tarses roussâtres. Tête légèrement et obsolètement ponctuée sur les côtés, subfovéolée sur son milieu. Antennes légèrement épaissies vers leur extrémité, avec les deuxième et troisième articles subégaux, les quatrième et cinquième non, les sixième à dixième légèrement ou médiocrement transverses. Prothorax transverse, à peine rétréci en arrière, évidemment moins large que les élytres, à peine sur les côtés, transversalement impressionné vers sa base, obsolètement et assez densement ponctué. Élytres transverses, sensiblement plus longues que le prothorax, subdéprimées, finement, densement et subaspèrement pointillées. Abdomen subparallèle, obsolètement sétosellé, presque lisse ou à peine et subaspèrement ponctué. Tarses postérieurs assez allongés.

Long., 0m,0038 (1 3/4 l.); — larg., 0m,0010 (1/2 l.).

Patrie. Cette espèce est très-rare. Elle a été prise dans les environs d'Izeron (montagnes du Lyonnais).

Halobrechta halensis

Allongée, subinéaire, peu convexe, finement et modérément pubescente, avec la pubescence d'un blond cendré, d'un noir brillant, avec les élytres et le sommet de l'abdomen d'un roux de poix, la bouche, la base des antennes et les pieds testacés. Tête fovéolée sur son milieu, fortement et assez densement ponctuée. Antennes assez fortement épaissies vers leur extrémité, fortement pilosellées, avec le troisième article à peine moins long que le deuxième, les septième à dixième fortement transverses. Prothorax transverse, évidemment moins large que les élytres, obsolètement bissillonné à sa base, finement, assez densement et obsolètement pointillé. Élytres subtransverses, un peu plus longues que le prothorax, très-faiblement convexes, assez finement et densement ponctuées. Abdomen subparal-

lèle, parcimonieusement ponctué vers sa base, presque lisse en arrière. Tarses postérieurs suballongés, moins longs que les tibias.

Long., 0m,0032 (1 1/2 l.); — larg., 0m,0007 (1/3 l.).

Patrie. Cette espèce se trouve dans le Languedoc, sous les détritus du bord de la mer. Elle est rare.

Ouralia picicornis

Allongée, assez étroite, sublinéaire, subdéprimée, très-finement mais peu pubescente, d'un noir brillant, avec la bouche et les antennes d'une couleur de poix subtestacée, et les pieds plus pâles. Tête presque lisse. Antennes légèrement épaissies vers leur extrémité, légèrement pilosellés, à troisième article sensiblement plus court que le deuxième, les sixième à dixième courts, fortement transverses. Prothorax transverse, subrétréci en arrière, un peu moins large que les élytres, à peine impressionné vers sa base, à peine ponctué ou presque lisse. Élytres presque carrées, sensiblement plus longues que le prothorax, très-finement, peu densementet obsolètement pointillées. Abdomen subparallèle, presque lisse ou à peine pointillé.

Long., 0m,0016 (3/4 l.); — larg., 0m,00035 (1/6 l.).

Patrie. Cette espèce est très-rare. Elle a été prise dans les environs de Lyon, parmi les détritus végétaux en décomposition.

Meotica parasita

Allongée, étroite, linéaire, subdéprimée, très-finement et assez densement pubescente, d'un brun de poix assez brillant, avec le sommet de l'abdomen d'un roux testacé, la bouche, les antennes et les pieds testacés. Tête très-finement et densement pointillée. Yeux médiocres. Antennes assez fortement épaissies vers leur extrémité, légèrement pilosellées, à troisième article petit, beaucoup plus court et plus grêle que le deuxième : les sixième à dixième très-courts, très-fortement transverses. Prothorax légèrement transverse, à peine rétréci en arrière, à peine moins large que les élytres, presque droit sur les côtés, à peine convexe, très-finement et obsolètement pointillé. Élytres presque carrées, un peu plus longues que le prothorax, déprimées, finement et très-densement pointillées. Abdomen subparallèle, à peine moins large que les élytres, très-finement et densement pointillé vers sa base, lisse ou presque lisse en arrière. Tarses postérieurs suballongés, moins longs que les tibias.

Long., 0,0016 (3/4 l.) ; — larg., 0,0003 (1/6 l.).

Patrie. Cette espèce est très-rare. Elle a été trouvée en juin, dans le Bugey, dans le voisinage d'une fourmilière.

Meotica parilis

Allongée, linéaire, subdéprimée, très-finement et modérément pubescente, d'un noir ou d'un brun de poix brillant, avec les élytres châtaines, l'extrémité de l'abdomen et les antennes roussâtres, la base de celles-ci, la bouche et les pieds testacés. Tête très-finement et densement pointillée. Yeux médiocres. Antennes assez fortement épaissies vers leur extrémité, distinctement pilosellées, à troisième article petit, beaucoup plus court et plus grêle que le deuxième, les cinquième à dixième très-courts, très-fortement transverses. Prothorax légèrement transverse, à peine rétréci en arrière, un peu moins large que les élytres, à peine arqué sur les côtés, faiblement convexe, très-finement et densement pointillé. Élytres sensiblement transverses, à peine plus longues que le prothorax, subdéprimées, finement et densement pointillées. Abdomen à peine élargi postérieurement, à peine moins large que les élytres, très-finement et assez densement pointillé vers sa base, à peine pointillé ou presque lisse en arrière.

Long., 0m,0016 (3/4 l.) ; — larg., 0m,00035 (1/6 l.).

Patrie. Cette espèce est peu commune. Elle se rencontre dans les mousses et quelquefois dans les nids de la *formica rufa*, dans les environs de Lyon, dans la Bourgogne, à la Grande-Chartreuse.

Meotica misera

Allongée, linéaire, subdéprimée, très-finement et assez densement pubescente, d'un roux brunâtre ou châtain assez brillant, avec la tête et une ceinture abdominale rembrunies, la bouche, les antennes, les pieds et l'extrémité de l'abdomen testacés. Tête très-finement et densement pointillée. Yeux médiocres. Antennes assez fortement épaissies vers leur extrémité, très-légèrement pilosellées, avec le troisième article beaucoup plus court et plus grêle que le deuxième, les cinquième à dixième très-courts, très-fortement transverses. Prothorax assez fortement transverse, un peu rétréci en arrière, de la largeur des élytres, légèrement arqué sur les côtés, à peine convexe, très-finement et densement pointillé. Élytres assez fortement transverses, de la longueur du prothorax, déprimées, finement et densement pointillées. Abdomen parallèle, à peine moins large que les élytres, très-finement et densement pointillé vers sa base, presque lisse postérieurement. Tarses postérieurs suballongés, moins longs que les tibias.

Long., 0^m,0012 (1/2 l.) ; — larg., 0^m,0003 (1/7 l.).

Patrie. Cette espèce est rare. On la trouve aux environs de Lyon et dans le Beaujolais, sur les bords de la Saône.

Meotica (Cryptusa) capitalis

Allongée, linéaire, faiblement convexe, très-finement et assez densement pubescente, d'un noir de poix assez brillant, avec les élytres brunâtres, l'extrémité et les intersections de l'abdomen d'un roux testacé, la bouche, les antennes et les pieds testacés. Tête transverse, large, distinctement sillonnée sur son milieu, densement et obsolètement pointillée. Yeux petits, obsolètes. Antennes courtes, fortement épaissies vers leur extrémité, légèrement pilosellées, à troisième article ablong, plus court que le deuxième, les cinquième à dixième courts, fortement transverses. Prothorax subtransverse, non ou à peine rétréci en arrière, à peine moins large que les élytres, à peine arqué sur les côtés, faiblement convexe, sans impression basilaire sensible, très-finement, densement et obsolètement pointillé. Élytres sensiblement transverses, de la longueur du prothorax, à peine convexes, très-finement et densement pointillées. Abdomen subparallèle, un peu moins large que les élytres, finement et assez densement pointillé vers sa base, presque lisse vers son extrémité. Tarses postérieurs suballongés, moins longs que les tibias.

Long., 0m,0014 (2/3 l.) ; — larg., 0m,0003 (1/7 l.).

Patrie. Cette espèce est très-rare. Elle a été capturée dans les environs de Lyon, dans la terre, sous un fagotier.

Amischa arata

Allongée, sublinéaire, subconvexe, très-finement et assez densement pubescente, d'un noir brillant, avec les antennes d'un roux obscur, la base de celles-ci, la bouche, les pieds et l'extrémité de l'abdomen d'un roux testacé. Tête finement et assez densement pointillée. Antennes faiblement épaissies vers leur extrémité, à peine pilosellées, à troisième article évidemment moins long que le deuxième, les cinquième à dixième médiocrement transverses. Prothorax médiocrement transverse, un peu moins large que les élytres, légèrement arqué sur les côtés, assez convexe, fovéolé vers sa base et en outre finement canaliculé sur sa ligne médiane, finement et densement pointillé. Élytres assez fortement transverses, de la longueur du prothorax, faiblement convexes, assez finement et densement pointillées. Abdomen subparallèle, un peu moins large que les élytres, légèrement sétosellé vers son sommet, finement et densement ponctué, à peine moins en arrière. Tarses postérieurs suballongés, moins longs que les tibias.

Long., 0m,0025 (1 1/7 l.) ; — larg., 0m,0005 (1/4 l.).

Patrie. Cette espèce est rare. Elle a été trouvée dans les environs de Lyon, parmi les débris charriés par la Saône débordée.

Amischa forcipata

Allongée, sublinéaire, peu convexe, très-finement et assez densement pubescente, d'un noir brillant, avec les élytres à peine moins foncées, le sommet de l'abdomen d'un roux de poix, les antennes obscures, la base de celles-ci, la bouche et les pieds testacés. Tête très-finement, obsolètement et assez densement pointillée. Antennes faiblement épaissies vers leur extrémité, légèrement pilosellées, à troisième article un peu moins long que le deuxième, les cinquième à dixième médiocrement transverses. Prothorax sensiblement transverse, à peine moins large que les élytres, assez arqué sur les côtés, peu convexe, subfovéolé vers sa base, très-finement et densement pointillé. Élytres fortement transverses, à peine aussi longues que le prothorax, très-faiblement convexes, finement et densement pointillées. Abdomen subparallèle, un peu moins large que les élytres, sétosellé vers son sommet, très-finement, densement et uniformément pointillé. Tarses postérieurs suballongés, moins longs que les tibias.

Long., 0m,0022 (1 l.) ; — larg., 0m,0004 (1/5 l.).

Patrie. Cette espèce se prend, mais rarement, parmi les mousses, les feuilles mortes, et parfois avec les fourmis, dans les environs de Lyon et dans le Beaujolais.

Amischa filum

Allongée, linéaire, subfiliforme, subdéprimée, finement et assez densement pubescente, d'un noir de poix assez brillant, avec le sommet de l'abdomen moins foncé, la bouche, les antennes et les pieds d'un testacé obscur. Tête subimpressionnée sur son milieu, obsolètement pointillée. Antennes légèrement épaissies vers leur extrémité, à peine pilosellées, à troisième article un peu plus court que le deuxième, les cinquième à dixième sensiblement ou assez fortement transverses. Prothorax médiocrement transverse, à peine moins large que les élytres, subarqué sur les côtés, peu convexe, assez fortement impressionné sur la dernière moitié de sa ligne médiane très-finement et très-densement pointillé. Élytres assez fortement transverses, de la longueur du prothorax, subdéprimées, finement et densement pointillées. Abdomen subparallèle, un peu moins large que les élytres, légèrement sétosellé vers son sommet, très-finement, densement et uniformément pointillé. Tarses postérieurs suballongés, moins longs que les tibias.

Long., $0^m,0022$ (1 l.); — larg., $0^m,0004$ (1/3 l.).

Patrie. Cette espèce est très-rare. Elle se prend au printemps, sous les plantes marines, dans les environs d'Aiguemortes (Languedoc) et d'Hyères (Provence).

Amischa minima

Allongée, linéaire, subconvexe, très-finement et assez densement pubescente, d'un noir de poix brillant, avec les élytres un peu moins foncées, l'extrémité de l'abdomen, la bouche et les antennes d'un roux de poix, la base de celles-ci et les pieds d'un testacé pâle. Tête très-finement et assez densement pointillée. Antennes très-faiblement épaissies vers leur extrémité, à peine pilosellées, à troisième article évidemment moins long que le deuxième, les cinquième à dixième sensiblement transverses. Prothorax assez fortement transverse, aussi large que les élytres, sensiblement arqué sur les côtés, assez convexe, légèrement fovéolé vers sa base, légèrement et densement pointillé. Élytres fortement transverses, à peine aussi longues que le prothorax, faiblement convexes, finement et densement pointillées. Abdomen subparallèle, aussi large que les élytres, légèrement sétosellé vers son sommet, très-finement et densement pointillé, à peine moins densement en arrière. Tarses postérieurs suballongés, moins longs que les tibias.

Long., $0^m,0015$ (3/4 l.); — larg., $0^m,00035$ (1/6 l.).

Patrie. Cette espèce se trouve, parmi les mousses et en fauchant les herbes sèches, dans les environs de Paris et de Lyon. Elle est bien moins commune que l'*Amischa analis*.

Bessobia nebulosa

Allongée, sublinéaire, peu convexe, finement et peu densement pubescente, d'un noir assez brillant, avec les élytres d'un brun un peu roussâtre, les antennes obscures, la bouche et les pieds d'un roux de poix. Tête fovéolée sur son milieu, obsolètement et éparsement ponctuée. Antennes assez légèrement épaissies vers leur extrémité, à peine pilosellées, avec les deuxième et troisième articles subégaux, les sixième à dixième légèrement transverses. Prothorax sensibement transverse, un peu moins large que les élytres, subimpressionné vers sa base, obsolètement sillonné en arrière sur sa ligne médiane, légèrement et assez densement pointillé. Élytres à peine transverses ou presque carrées, beaucoup plus longues que le prothorax, subdéprimées, finement et densement ponctuées. Abdomen subparallèle, obsolètement sétosellé vers son sommet, éparsement ponctué vers sa base, lisse ou presque lisse en arrière. Tarses postérieurs suballongés, sensiblement moins longs que les tibias.

Long., $0^{m},0032$ (1 1/2 l.) ; — larg., $0^{m},0006$ (1/3 l.).

Patrie. Cette espèce a été prise sur le bord de la mer, dans les environs de Marseille où elle est assez rare.

Bessobia (Thrichiota) gibbera

Allongée, sublinéaire, peu convexe, finement et peu densement pubescente, d'un noir assez brillant et subplombé, avec les élytres et le sommet de l'abdomen brunâtres, la bouche et les pieds d'un roux de poix. Tête excavée ou sillonnée sur son milieu, éparsement ponctuée. Antennes assez robustes, assez fortement verticillées pilosellées, avec les deuxième et troisième articles oblongs, subégaux, les sixième et septième à peine, les huitième à dixième sensiblement transverses. Prothorax transverse, subré-

tréci en arrière, sensiblement moins large que les élytres, plus ou moins impressionné vers sa base, avec une légère bosse de chaque côté de l'impression, parfois distinctement sillonné sur sa ligne médiane, finement et densement ponctué. Élytres à peine transverses, sensiblement plus longues que le prothorax, subdéprimées, obliquement subimpressionnées sur leur disque, finement et densement ponctuées. Abdomen subparallèle, éparsement sétosellé, très-parcimonieusement ponctué vers sa base, lisse en arrière. Tarses postérieurs allongés, sensiblement moins longs que les tibias.

Long., $0^m,0033$ (1 1/2 l.); — larg., $0^m,00065$ (1/3 l.).

Patrie. Cette espèce est très-rare. Elle a été prise dans le Beaujolais, parmi les détritus végétaux. M. Villard, entomologiste zélé de Lyon, nous en a communiqué un exemplaire que lui avait confié M. Muhlenbeck, naturaliste distingué de Sainte-Marie-aux-Mines (Haut-Rhin).

Metaxya apricans

Allongée, assez large, sublinéaire, subdéprimée, finement et assez densement pubescente, d'un noir assez brillant, avec les élytres d'un brun roussâtre, la bouche, la base des antennes, les pieds et le sommet de l'abdomen d'un roux de poix testacé. Tête obsolètement fovéolée sur son milieu, à peine pointillée. Antennes faiblement épaissies vers leur extrémité, obsolètement pilosellées, avec les deuxième et troisième articles subégaux, les cinquième à neuvième à peine plus longs que larges, le dixième aussi large que long. Prothorax sensiblement transverse, à peine moins large que les élytres, subarqué sur les côtés, fovéolé vers sa base, très-finement, très-légèrement et densement pointillé. Élytres subtransverses, un peu plus longues que le prothorax, subdéprimées, finement et densement pointillées. Abdomen subparallèle, finement et densement pointillé, à peine moins densement en arrière. Tarses postérieurs suballongés, sensiblement moins longs que les tibias.

Long., $0^m,0029$ (1 1/3 l.); — larg., $0^m,0006$ (1/3 l.).

PATRIE. Cette espèce est très-rare. Elle a été capturée dans les environs d'Hyères (Provence).

Metaxya marina

Allongée, sublinéaire, subdéprimée, très-finement et assez densement pubescente, d'un noir assez brillant, avec les élytres d'un brun roussâtre, la bouche, les antennes, l'extrémité de l'abdomen et du ventre et les pieds d'un roux testacé. Tête à peine fovéolée sur son milieu, très-finement et densement ponctuée. Antennes à peine épaissies vers leur extrémité, légèrement pilosellées, avec les deuxième et troisième articles subégaux, les septième à dixième subtransverses. Prothorax subtransverse, à peine moins large que les élytres, impressionné vers sa base, obsolètement canaliculé sur sa ligne médiane, très-finement et densement ponctué. Élytres sensiblement transverses, un peu plus longues que le prothorax, déprimées, très-finement et densement ponctuées. Abdomen subparallèle ou un peu atténué postérieurement, fortement sétosellé, finement et densement ponctué, avec la ponctuation graduellement un peu moins serrée en arrière. Tarses postérieurs suballongés, sensiblement moins longs que les tibias.

Long., $0^m,0023$ (1 l.) ; — larg., $0^m,0004$ (1/5 l.).

PATRIE. Cette espèce est marine, de même que la précédente. Elle se prend en Provence et en Languedoc, sur les côtes de la Méditerranée, et dans la Flandre et la Normandie, sur les côtes de la Manche.

Disopora immatura

Allongée, sublinéaire, déprimée, finement et densement pubescente, d'un noir de poix brillant, avec les antennes et les élytres d'un testacé obscur, la bouche et les pieds plus pâles. Tête subimpressionnée sur son milieu, obsolètement et densement pointillée. Antennes sensiblement pilosellées, légèrement épaissies vers leur extrémité, à troisième article un peu moins long que le deuxième, les quattrième à sixième subcarrés, les septième à dixième visiblement transverses. Prothorax presque carré, subrétréci en arrière, moins large que les élytres, obsolètement sillonné sur son milieu, très-finement et densement pointillé. Élytres presque carrées, évidemment plus longues que le prothorax, déprimées, très-finement et très-densement pointillées. Abdomen subparallèle, très-finement et assez densement pointillé, avec le cinquième segment lisse. Tarses postérieurs suballongés, beaucoup moins longs que les tibias.

Long., 0m,0027 (1 1/4 l.) ; — larg., 0m,0005 (1/4 l.)

Patrie. Cette espèce est rare. Elle se trouve parmi les mousses humides, dans les environs de Lyon et dans le Beaujolais.

Disopora (Aloconota) latesulcata

Allongée, sublinéaire, subdéprimée, finement et densement pubescente, d'un noir brillant, avec les élytres et le sommet de l'abdomen d'un brun de poix, les antennes d'un roux obscur, la bouche et les pieds testacés. Tête finement et densement pointillée, parfois (♂) subsillonnée sur son milieu ainsi que sur le vertex. Antennes légèrement épaissies vers leur extrémité, à troisième article un peu moins long que le deuxième, les cinquième et sixième aussi larges que longs, les septième à dixième légèrement transverses. Prothorax subtransverse, visiblement rétréci en arrière, sensiblement moins large que les élytres, plus ou moins largement sillonné sur sa ligne médiane, très-finement et densement pointillé. Élytres légèrement transverses, évidemment plus longues que le prothorax, déprimées, finement et densement ponctuées. Abdomen subparallèle, éparsement sétosellé, finement et assez densement ponctué sur les trois premiers segments et sur le sixième, parcimonieusement sur le quatrième, très-peu sur le cinquième. Tarses postérieurs allongés, un peu moins longs que les tibias.

Long., 0m,0032 (1 1/3 l.); — larg., 0m,0006 (1/3 l.).

Patrie. Cette espèce se prend, mais très-rarement, aux environs de Lyon, sur le bord des rivières.

Thinoecia libitina

Allongée, sublinéaire, déprimée, très-finement et densement pubescente, d'un noir brillant, avec les élytres un peu moins foncées, les antennes et les palpes maxillaires obscurs, et les pieds d'un testacé de poix. Tête très-finement et densement pointillée, presque plane. Antennes grêles, avec les deuxième et troisième articles suballongés, subégaux, le quatrième à peine moins long que le suivant, et les cinquième à dixième oblongs, subégaux. Prothorax subtransverse, plus étroit que les élytres, impressionné à sa base, très-finement et densement pointillé. Élytres subtransverses, un peu plus longues que le prothorax, déprimées, très-finement et très-densement pointillées. Abdomen subparallèle, très-finement et assez densement pointillé, à peine moins densement en arrière. Tarses postérieurs peu allongés, beaucoup moins longs que les tibias.

Long., 0m,0033 (1 1/2 l.); — larg., 0m,00055 (1/4 l.).

PATRIE. Cette espèce est très-rare. Elle se trouve dans les montagnes de la Provence.

Thinoecia haesitans

Allongée, sublinéaire, subdéprimée, très-finement et densement duveteuse, d'un noir assez brillant, avec les élytres brunâtres, les antennes, la bouche et l'extrémité de l'abdomen d'un roux testacé, et les pieds pâles. Tête subexcavée (♂) sur son milieu, très-obsolètement pointillée ou presque lisse. Antennes subfiliformes, avec les deuxième et troisième articles suballongés, subégaux, le quatrième plus court que le cinquième, les sixième à dixième oblongs, subégaux. Prothorax transverse, un peu rétréci en arrière, un peu moins large que les élytres, subimpressionné vers sa base, longitudinalement déprimé sur son milieu, très-finément, très-densement et obsolètement pointillé. Élytres presque carrées, évidemment plus longues que le prothorax, subdéprimées, à ponctuation excessivement fine et excessivement serrée. Abdomen subparallèle ou un peu atténué vers son sommet, légère-

ment et densement pointillé vers sa base, obsolètement ou presque lisse en arrière. Tarses postérieurs suballongés.

Long., 0m,0023 (1 l.); — larg., 0m,00035 (1/6 l.).

Patrie. Cette espèce est très-rare. Elle a été trouvée dans les environs d'Hyères (Provence), dans le sable du bord de la mer.

Thinoecia merita

Allongée, sublinéaire, déprimée, très-finement et densement pubescente, d'un brun de poix un peu brillant, avec la bouche, les antennes, les pieds et l'extrémité de l'abdomen testacés. Tête subsillonnée sur son milieu, très-finement et densement pointillée. Antennes grêles, avec les deuxième et troisième articles suballongés, subégaux, le quatrième suboblong, évidemment plus court que le cinquième, les cinquième à dixième oblongs, subégaux. Prothorax subtransverse, subrétréci en arrière, un peu moins large que les élytres, fovéolé vers sa base, largement sillonné sur sa ligne médiane, très-finement et densement pointillé. Élytres presque carrées, évidemment plus longues que le prothorax, déprimées, très-finement et densement pointillées. Abdomen subparallèle, très-finement et assez densement pointillé, assez fortement sétosellé vers son sommet. Tarses postérieurs peu allongés, sensiblement moins longs que les tibias.

Long., 0m,0022 (1 l.) ; — larg., 0m,0004 (1/5 l.).

Patrie. Cette espèce est très-rare. Elle a été prise dans les environs de Lyon, sous les pierres du bord de la Saône.

Thinoecia (Hydrosmecta) callida

Allongée, sublinéaire, déprimée, très-finement et très-densement duveteuse, d'un noir peu brillant, avec la bouche, la base des antennes et le sommet de l'abdomen d'un roux de poix, et les pieds testacés. Tête obsolètement fovéolée sur son milieu, finement et très-densement ponctuée.

Antennes assez grêles vers leur base, à troisième article évidemment moins long que le deuxième et visiblement plus long que le quatrième, les quatrième à dixième subégaux, à peine plus longs que larges. Prothorax presque carré, subrétréci en arrière, un peu moins large que les élytres, presque droit sur les côtés, subimpressionné vers sa base, finement canaliculé sur sa ligne médiane, très-finement et très-densement pointillé. Élytres presque carrées, évidemment plus longues que le prothorax, déprimées, très-finement et très-densement pointillées. Abdomen subparallèle, très-finement et très-densement pointillé. Tarses postérieurs peu allongés, beaucoup moins longs que les tibias.

Long., 0m,0023 (1 l.); — larg., 0m,00035 (1/6 l.).

PATRIE. Cette espèce est très-rare. Elle se trouve aux environs de Lyon, dans la vase des rivières.

Thinoecia (Hydrosmecta) amara

Allongée, sublinéaire, subdéprimée, très-finement et très-densement duveteuse, d'un noir un peu brillant, avec la bouche et la base des antennes d'un roux de poix, et les pieds d'un roux testacé. Tête très-finement et très-densement pointillée. Antennes assez grêles, avec le troisième article sensiblement plus court que le deuxième et évidemment plus long que le quatrième : celui-ci subcarré, visiblement plus court que le cinquième, les cinquième à dixième subégaux, à peine plus longs que larges. Prothorax subtransverse, à peine rétréci en arrière, presque droit sur les côtés, à peine impressionné vers sa base, obsolètement canaliculé sur sa ligne médiane, très-finement et très-densement pointillé. Élytres presque carrées, évidemment plus longues que le prothorax, déprimées, très-finement et très-densement pointillées. Abdomen subparallèle, très-finement et très-densement pointillé. Tarses postérieurs peu allongés, beaucoup moins longs que les tibias.

Long., 0m,0023 (1 l.); — larg., 0m,00035 (1/6 l.).

PATRIE. Cette espèce se trouve, mais rarement, en Provence, dans les environs d'Hyères, au bord de la mer, sous les détritus végétaux.

Thinoecia simillima

Allongée, linéaire, déprimée, très-finement et densement duveteuse, d'un noir de poix assez brillant, avec les élytres brunâtres, la bouche, les antennes, les pieds et le sommet de l'abdomen d'un testacé de poix. Tête subfovéolée sur son milieu, très-finement et densement pointillée. Antennes à peine épaissies, à troisième article sensiblement plus court que le deuxième, subégal au quatrième, les quatrième à dixième à peine oblongs, subégaux. Prothorax subtransverse, sensiblement rétréci en arrière, à peine plus étroit en avant que les élytres, très-finement et densement pointillé. Élytres oblongues, beaucoup plus longues que le prothorax, déprimées, très-finement et très-densement pointillées ou comme finement chagrinées. Abdomen subparallèle, très-finement et densement pointillé, à peine moins densement en arrière. Tarses postérieurs peu allongés, beaucoup moins longs que les tibias.

Long., $0^m,0016$ (3/4 l.); — larg., $0^m,00035$ (1/6 l.).

PATRIE. La Prusse rhénane.

Hygroecia parca

Allongée, sublinéaire, subdéprimée, très-finement et densement pubescente, d'un noir de poix brillant avec les élytres brunâtres, la bouche, la base des antennes et le sommet de l'abdomen d'un roux ferrugineux, et les pieds testacés. Tête finement et densement ponctuée, avec une ligne longitudinale lisse. Antennes verticillées-pilosellées, légèrement épaissies vers leur extrémité, avec le troisième article un peu moins long que le deuxième, les septième à dixième sensiblement transverses. Prothorax subtransverse, subrétréci en arrière, un peu moins large que les élytres, très-finement et densement ponctué, sensiblement impressionné et légèrement sillonné vers sa base. Élytres visiblement transverses, un peu plus longues que le prothorax, déprimées, finement et densement ponctuées. Abdomen subparallèle, distinctement et éparsement sétosellé, finement et assez densement ponctué sur les trois premiers segments et sur le sixième, parcimonieusement sur les quatrième et cinquième. Tarses postérieurs suballongés, beaucoup moins longs que les tibias.

Long., 0,0031 (1 1/3 l.) ; — larg., 0,0006 (1/3 l.).

Patrie. Cette espèce est très-rare. Elle a été trouvée, en juillet, dans les environs de Lyon, parmi les feuilles mortes, dans les bois.

Taxicera perfoliata

Allongée, sublinéaire, déprimée, finement et peu pubescente, d'un noir brillant, avec les élytres d'un brun de poix parfois un peu roussâtre ou châtain, la bouche et les antennes d'un roux obscur, la base de celles-ci et les pieds testacés. Tête lisse sur son milieu, assez fortement et éparsement ponctuée sur les côtés. Antennes médiocrement pilosellées, assez fortement épaissies dès leur cinquième article, avec le troisième sensiblement plus court et plus grêle que le deuxième, les cinquième à dixième très-courts, très-fortement transverses. Prothorax fortement transverse, à peine moins large que les élytres, à peine arqué sur les côtés, obsolètement et parcimonieusement ponctué, subfovéolé vers sa base. Élytres médiocrement transverses, évidemment plus longues que le prothorax, déprimées, obsolètement et assez peu ponctuées. Abdomen subparallèle, presque lisse.

Long., 0^m,0022 (1 l.) ; — larg., 0^m,00050 (à peine 1/4 l.).

Patrie. Cette espèce se prend sur les cadavres de rats, de musaraignes et autres petits quadrupèdes. Elle est assez commune dans presque toute la France : les environs de Paris et de Lyon, l'Auvergne, le Beaujolais, la Provence, etc.

Taxicera indigna

Allongée, sublinéaire, déprimée, finement et éparsement pubescente, d'un noir brillant, avec les élytres à peine moins foncées et les pieds testacés. Tête lisse sur son milieu, assez fortement et parcimonieusement ponctuée sur les côtés. Antennes légèrement pilosellées, sensiblement épaissies dès le cinquième article, avec le troisième beaucoup plus court et plus grêle que le deuxième, les cinquième à dixième très-courts, très-fortement transverses. Prothorax fortement transverse, à peine moins large que les élytres, subarqué sur les côtés, distinctement et subéparsement ponctué, impressionné vers sa base, souvent obsolètement sillonné sur sa ligne médiane. Élytres sensiblement transverses, évidemment plus longues que le prothorax, déprimées, assez distinctement et modérément ponctuées. Abdomen subparallèle, presque lisse.

Long., 0m,0023 (1 l.); — larg., 0m,00050 (à peine 1/4 l.).

Patrie. Cette espèce se rencontre dans les environs de Lyon et dans le Beaujolais. Elle est assez commune sous les cadavres des crapaux, lézards et autres reptiles, parfois aussi sous les excréments et les champignons desséchés.

DESCRIPTION

D'UN GENRE NOUVEAU

DE LA FAMILLE DES CURCULIONITES

PAR

MM. MULSANT ET GODART

Présentée à la Société Linnéenne de Lyon le 13 janvier 1873.

Genre *Stolatus*.

CARACTÈRES. *Corps* court, épais, convexe.

Tête courte, fortement engagée dans le prothorax. *Rostre* court, épais, subcylindrique. *Scrobe* profond, brusquement infléchi, ne touchant pas sur les côtés au bord antérieur des yeux. *Parties de la bouche* peu distinctes.

Yeux grands, ovales-oblongs, subdéprimés, subverticalement disposés.

Antennes peu épaisses, assez courtes, insérées vers le milieu du rostre ; de onze articles. Le *scape* allongé, en massue. Le *funicule* composé de sept articles, les deux premiers un peu plus longs que les suivants, le premier renflé en dedans : les cinq derniers assez courts, presque d'égale longueur et épaisseur, non perfoliés. La *massue* brusque, de trois articles, en ovale oblong et acuminé.

Prothorax court, rétréci en avant, largement échancré au sommet, mutique sur les côtés, bissinué à sa base, avec le lobe médian prolongé en angle dans son milieu.

Écusson à peine distinct, oblong.

Élytres assez courtes, épaisses, transversalement relevées à leur base, obtusément acuminées à leur sommet dans leur ensemble, brièvement réfléchies en dessous sur les côtés. *Épaules* peu saillantes.

Prosternum sensiblement développé au devant des hanches antérieures, prolongé entre celles-ci en angle aigu, mais court. *Mésosternum* court, plus ou moins enfoui à sa base, offrant, entre les hanches intermédiaires, une bosse ovalaire, prolongée presque jusqu'au sommet de celles-ci. *Métasternum* très-court, sinué de chaque côté au devant de l'insertion des hanches postérieures, angulairement échancré entre celles-ci, prolongé, dans le milieu de son bord antérieur, en angle mousse. *Ventre* de cinq arceaux apparents : les deux premiers très-grands, les troisième et quatrième très-courts, le cinquième assez grand, semi-lunaire : celui de l'armure peu distinct.

Hanches antérieures globuleuses, assez saillantes, très-rapprochées. Les *intermédiaires* plus courtes, moins saillantes, assez distantes. Les *postérieures* très-courtes, à peine saillantes, notablement distantes.

Pieds assez courts ; robustes. *Trochanters* petits, cunéiformes. *Cuisses* assez épaisses, sensiblement renflées vers leur milieu. *Tibias* épais, presque droits, un peu resserrés à leur base ; obliquement et arcuément coupés au sommet de leur face antérieure, lequel est en outre cilié-sétosellé; obliquement échancrés ou excavés au sommet de leur face postérieure pour recevoir les tarses, qui se redressent en arrière à l'état de repos ; munis, au bout de leur tranche inférieure, d'un fort crochet recourbé et plus ou moins brusquement infléchi en dedans. *Tarses* assez courts, assez épais, subdéprimés, de quatre articles : les trois premiers allant en s'élargissant, ciliés en brosse en dessous : les deux premiers courts, transverses : le troisième plus grand, profondément bilobé : le quatrième plus étroit, allongé, en massue. *Ongles* robustes, soudés à leur base, brusquement recourbés ou coudés en dedans.

Obs. Ce genre, avec l'aspect d'un *Tychius*, doit certainement être rapproché des *Larinus* et *Rhinocyllus*, à cause de son prothorax bissinué à son bord postérieur, de ses élytres transversalement relevées à leur base et du crochet qui termine la tranche inférieure des tibias. Il en diffère néanmoins par son rostre un peu moins épaissi en avant, par le scrobe des antennes ne touchant pas sur les côtés au bord antérieur des yeux. Le funicule des antennes est moins épais, presque d'égale épaisseur partout, avec ses cinq derniers articles moins courts, non perfoliés et non graduellement plus épais. Il en résulte que la massue terminale est beaucoup plus brusque, et c'est par ce seul caractère que ce genre rappelle un peu les *Tychius*.

Nous avons basé cette coupe sur une seule espèce à forme plus courte et plus ramassée que celle des *Larinus*. En voici la description :

Stolatus Nicolasi

Breviter ovatus, convexus, niger, pilis pallidis fulvisque depressis et setis albidis erectis variegatus, antennis tarsisque rufis. Caput fortiter rugoso-punctatum, rostro prothoraceque antice obsolete carinatis. Hoc breve, grosse circulariter punctatum, interstitiis subtilissime punctulatis. Elytra fortiter punctato-striata, interstitiis subtilissime punctulatis prœtereaque fortius seriato-punctatis. Corpus subtus et pedes rugoso-punctata.

Long., 0,m0036 (1 2/3 l.) ; — larg., 0m,0028 (1 1/5 l.).

Corps courtement ovalaire, épais, convexe, d'un noir un peu brillant ; revêtu d'une assez fine pubescence assez courte, couchée, plus ou moins embrouillée, pâle, mais entremêlée surtout sur les élytres de poils fauves également couchés ; paré en outre de longues soies blanches et redressées.

Tête noire, fortement et rugueusement ponctuée, pubescente et éparsement sétosellée. *Front* déprimé ou subimpressionné entre les yeux, où il offre souvent une houppe de poils fauves. *Rostre* épais, subcylindrique, subdéprimé en dessus vers son extrémité ; à points souvent anastomosés longitudinalement ; offrant avant son sommet, sur sa ligne médiane, une fine carène plus ou moins obsolète. *Parties de la bouche* d'un roux de poix.

Yeux ovales-oblongs, noirs.

Antennes peu épaisses, de la longueur de la tête (le rostre compris) ou à peine plus longues, légèrement pilosellées, d'un roux brillant, avec la massue mate et finement duveteuse ; à scape allongé, renflé en massue à son sommet ; à funicule presque d'égale épaisseur, avec son premier article néanmoins un peu renflé surtout en dedans : le deuxième obconique, aussi long que le précédent, un peu plus long que les suivants : ceux-ci assez courts, non ou à peine transverses, assez fortement contigus mais non perfoliés, subégaux, le septième cependant un peu ou à peine plus épais ; à massue brusque, ovale-oblongue, acuminée au sommet.

Prothorax court, transverse, fortement rétréci en avant où il est à peine plus large que la tête ; un peu moins large en arrière que les élytres ; largement échancré au sommet ; sensiblement arqué sur les côtés ; largement et obliquement sinué de chaque côté à sa base ; assez convexe en dessus, un peu comprimé latéralement en avant ; couvert d'une ponctuation grossière, plus serrée, plus profonde et plus rugueuse sur les côtés, plus écartée sur le milieu du disque, avec les points circulaires et leurs intervalles très-finement pointillés ; offrant une légère carène obsolète sur le sommet de sa ligne médiane ; d'un noir un peu brillant ; revêtu d'une pubescence pâle, plus serrée sur les côtés et entremêlée de poils un peu fauves et de longues soies blanches et redressées.

Écusson peu distinct, oblong.

Élytres presque trois fois plus longues que le prothorax dans son milieu ; ovalairement arquées sur leurs côtés, et obtusément acuminées à leur sommet dans leur ensemble ; fortement convexes ; transversalement relevées à leur base ; un peu déprimées latéralement avant leur sommet ; fortement ponctuées-striées, avec les points carrés ou en carré oblong, les intervalles des rangées striales très-finement pointillés et en outre parés d'une série longitudinale de points plus forts, bien distincts et assez espacés ; d'un noir un peu brillant, mais revêtues d'une pubescence assez courte, assez serrée, couchée, plus ou moins embrouillée, pâle, entremêlée de poils fauves dont la couleur semble dominer et former comme une grande tache confuse, couvrant une grande partie du disque ; offrant en outre sur les intervalles des rangées striales une série de soies blanches plus ou moins longues et plus ou moins redressées. *Épaules* très-largement arrondies.

Dessous du corps peu convexe, rugueusement ponctué, d'un noir un peu brillant, revêtu d'une pubescence pâle et couchée, entremêlée de soies blanches plus longues et plus redressées. *Ventre* offrant, outre sa ponctuation, des points plus grossiers, plus écartés et circulaires.

Pieds robustes, hérissés de poils et de soies blanches, rugueusement ponctués ; d'un noir assez brillant, avec les tarses roux. *Cuisses* sensiblement renflées vers leur milieu. *Tibias* à ciliation terminale blanche, raide et courte, à crochet d'un roux de poix. *Tarses* à brosse inférieure blanche.

Patrie. Cette espèce a été capturée plusieurs fois dans les environs de Beaucaire, sur l'*Inula dysenterica* L. (conyse des prés, herbe de saint Roch), par M. Nicolas, conducteur des ponts et chaussées, et à qui nous l'avons dédiée.

Obs. Elle est de taille moindre que les plus petits *Larinus*, et surtout d'une forme plus ramassée et plus ovalaire.

DESCRIPTION

D'UNE ESPÈCE NOUVELLE

DE LA FAMILLE DES CURCULIONITES

PAR

MM. MULSANT ET GODART

Présentée à la Société Linnéenne de Lyon le 13 janvier 1873.

Gymnaetron mixtum

Oblongum, brunneum, pilis depressis pallidis fulvisque et setis albidis erectis variegatum. elytris, antennis, ventre pedibusque ferrugineis. Rostrum apice attenuatum. Prothorax transversum, subconvexum, albido trilineato-pilosum. Elytra dorso subdepressa, apice obtuse rotundata, pygidio conspicuo.

Long., 0,0033 (1 1/2 l.); — larg., 0,0017 3/4 l.)

Corps oblong, brunâtre, peu convexe, revêtu d'une pubescence grossière, serrée, déprimée, entremêlée de poils pâles et d'un fauve plus ou moins obscur et de longues soies redressées et blanchâtres.

Tête à peine plus large que le quart de la base du prothorax, noire, rugueusement ponctuée sur le front et sur le rostre, qui sont hérissés de longs poils d'un fauve obscur et un peu inclinés en arrière, avec les poils de l'extrémité du rostre plus pâles et inclinés en avant. *Vertex* dénudé et simplement chagriné. *Front* déprimé. *Rostre* atténué en cône, à sommet d'un roux de poix.

Yeux subovalaires, noirs.

Antennes courtes, dépassant un peu le bord antérieur du prothorax quand elles sont renversées en arrière, légèrement pilosellées ; d'un ferrugineux assez clair. *Scape* peu allongé, renflé en massue à son sommet. *Funicule* à premier article oblong, assez épais, sensiblement renflé : le deuxième oblong, obconique, beaucoup plus grêle : les trois suivants graduellement plus courts et un peu plus épais. *Massue* assez brusque, très-finement duveteuse, en ovale subacuminé.

Prothorax transverse, beaucoup plus étroit en avant, échancré au sommet, un peu moins large en arrière que les élytres, sensiblement arqué sur les côtés, largement arrondi à sa base ; assez convexe sur son disque ; rugueusement ponctué ; brunâtre, mais revêtu d'une pubescence serrée, déprimée, dirigée en arrière, d'un fauve obscur sur les parties latérales du disque, blanches et formant une ligne longitudinale étroite sur le milieu, de même couleur, mais formant une ceinture large sur les côtés ; paré en outre de longues soies plus ou moins redressées, d'un fauve obscur sur le dos, plus longues et blanchâtres sur les parties latérales.

Écusson revêtu de poils couchés et blanchâtres, voilé à sa base par des poils de même couleur, entre-croisés et émanant du milieu du bord postérieur du prothorax.

Élytres environ trois fois plus longues que le prothorax, à peine arquées sur leurs côtés, obtusément arrondies à leur sommet, qui laisse le pygidium à découvert ; faiblement convexes, mais longitudinalement et simultanément subdéprimées sur le dos vers la suture, au moins sur leurs deux premiers tiers ; assez fortement striées-ponctuées, avec les intervalles distinctement et éparsement ponctués ; d'un roux ferrugineux, avec un trait obscur sur le premier tiers de la suture, et une ligne longitudinale, un peu oblique, obscure, située vers le milieu de chaque étui, confuse, plus apparente en arrière ; revêtues d'une pubescence grossière, assez serrée, déprimée, d'un fauve obscur sur les intervalles des stries, blanchâtres dans le fond de celles-ci, où elles forment comme des lignes pâles, entremêlées en outre de soies semi-redressées, dirigées en arrière, arquées et d'un fauve obscur, et d'autres soies beaucoup plus longues, blanchâtres, tout à fait redressées, principalement reléguées sur les côtés. *Épaules* largement arrondies, couvertes d'une pubescence blanchâtre, faisant suite à la ceinture latérale du prothorax.

Dessous du corps peu convexe, hérissé d'une longue pubescence pâle ;

rugueusement ponctué ; d'un noir de poix un peu brillant, avec le ventre ferrugineux.

Pieds robustes, rugueux, ferrugineux, hérissés de soies blanches, celles des cuisses couchées, celles de la tranche externe des tibias plus longues et redressées. *Cuisses* inermes. *Ongles* obscurs, ainsi que l'extrême sommet des tibias, surtout intermédiaires et postérieurs.

Patrie. Cette espèce est très-rare. Elle a été prise dans les environs de Narbonne.

Obs. Cette curieuse et intéressante espèce est remarquable par sa pubescence et ses soies en partie blanchâtres, en partie d'un fauve obscur. Elle rentre dans la division des espèces à cuisses inermes et à rostre conique, mais elle est d'une forme plus allongée qu'aucune de celles qui en font partie.

DESCRIPTION

D'UNE ESPÈCE NOUVELLE

DE LA FAMILLE DES PECTINICORNES

PAR

E. MULSANT ET CL. REY

Présentée à la Société Linnéenne de Lyon le 13 janvier 1873.

Dorcus semi-sulcatus.

Allongé, subparallèle, d'un noir peu luisant en dessus. Tête et prothorax grossièrement ponctués sur les côtés, lisses sur le disque. Écusson marqué en devant de points grossiers. Élytres marquées chacune jusqu'à l'angle sutural de neuf sillons ponctués, profonds en devant, graduellement affaiblis postérieurement jusqu'aux quatre cinquièmes de leur longueur, où ils s'effacent; réticuleusement marqués sur les côtés de points orbiculaires. Dessous du corps et pieds noirs.

Long., 0^m,0140 (6 1/4 l.); — larg., 0^m,059 (2 2/3 l.).

Corps allongé, peu convexe; d'un noir presque mat ou peu luisant en dessus. *Tête* transversale; offrant sur les côtés un faible relief naissant près de l'angle postérieur de l'écointure antérieure, près de la base des antennes, et à peine prolongé jusqu'à l'angle antéro-interne des yeux; marquée sur les côtés de points circulaires assez profonds, simplement pointillée sur son disque. *Labre* court, transverse, tronqué en devant. *Mandibules* à peu près de la longueur de la tête; faiblement arquées; munies, après le milieu de leur longueur, d'une courte dent sur leur tranche supérieure et d'une autre sur l'inférieure. *Antennes* d'un noir brillant, avec la massue brune.

Prothorax faiblement plus large que la tête; bissinué en devant, avec les angles antérieurs plus avancés que le milieu de son bord antérieur; écointé aux angles postérieurs; tronqué ou à peu près à sa base; muni d'un rebord dans sa périphérie; peu convexe; marqué sur les côtés de gros points, graduellement plus petits en se rapprochant du disque, lisse sur ce dernier et sur le tiers médiaire de sa largeur. *Écusson* plus large que long; en triangle à côtés curvilignes; marqué sur sa moitié antérieure de points grossiers et peu rapprochés.

Élytres tronquées à la base, avec l'angle huméral vif; un peu moins larges que le prothorax, une fois et demie au moins plus longues que lui; subparallèles jusqu'aux deux tiers, arrondies postérieurement; rebordées; peu convexes; marquées chacune, depuis la suture jusqu'à l'angle huméral, de neuf sillons ponctués, assez profonds en devant, graduellement affaiblis d'avant en arrière jusqu'aux quatre cinquièmes, où ils s'effacent; marquées de points orbiculaires, séparés par un léger réseau, près des côtés. *Intervalles* planiuscules ou convexiuscules, en devant plus larges que les sillons, près de la suture, plus étroits que ceux-ci près de la fossette humérale; tous plus larges que les sillons postérieurement; marqués d'une rangée de petits points. *Dessous du corps* noir; garni d'un duvet fauve sur la poitrine; glabre sur le ventre; ce dernier ponctué sur les côtés et sur le dernier arceau, lisse sur son disque. *Pieds* noirs : jambes de devant antérieurement munies de cinq ou six dents.

Cette espèce, trouvée à Bone (Algérie), nous a été communiquée par M. Gabillot.

Peut-être serait-elle le *D. oblongus* de Charpentier; mais la description de cet auteur est incomplète et semble laisser croire que les sillons dont les élytres sont creusées se prolongent jusqu'à l'extrémité de celles-ci.

DISSERTATION

SUR

LE COSSUS DES ANCIENS

PAR

E. MULSANT

Plusieurs naturalistes modernes ont cherché à déterminer à quelle espèce d'insecte pouvait se rapporter le Cossus, regardé par les Romains comme un mets délicat et somptueux. Les conjectures faites à cet égard sont très-diverses. Linné (1) a cru retrouver cet être vermiforme dans la chenille d'un Lépidoptère nocturne (*Cossus ligniperda*, GODARD) ; Geoffroy (2) dans la larve d'un Porte-bec (*Calandra palmarum*, FABRICIUS) ; Olivier (3) dans celle d'un Longicorne (*Cerambyx heros*, FABRICIUS) ; le plus grand nombre dans celle de certains Lamellicornes : ainsi Swammerdam (4) et Frisch (5) ont désigné celle d'un Oryctès (*Oryctes nasicornis*, ILLIGER) ; Rœsel (6) et d'autres (7), celle du cerf-volant (*Lucanus cervus*, LINNÉ) ; et Latreille, modifiant dans son dernier ouvrage (1) ses idées précédem-

(1) *Bombyx cossus. Fauna suecica Stocholmiæ.* 1761, p. 295.

(2) *Histoire abrégée des insectes.* Paris, 1800, t. II, p. 104.

(3) OLIVIER, *Entomologie.* Paris, 1789. In-4°, t. I, p. 6. — LATREILLE, *Nouveau dictionnaire d'histoire naturelle.* Paris, 1817 ; t. VIII, p. 153, etc.

(4) *Biblia naturæ.* 1737, in-fol., t. I, p. 318.

(5) *Beschreibung von allerley Insekten in Deutschland.* Berlin. In-4°, 3e partie, p. 7.

(6) ROESEL, *Insecten Belustigung.* Nürnberg, 1749 ; 2e partie, 1re classe, p. 31.

(7) SHAW, *General. Zoolog.* London, 1804 ; t. VI, p. 28. — LATREILLE, *Histoire naturelle des crustacés et des insectes.* Paris, an XII ; t. X, p. 245. — LATREILLE, *Nouveau dictionnaire d'histoire naturelle,* t. VIII, p. 159, etc.

(1) *Cours d'entomologie*, p. 60.

ment émises, a pensé que le Cossus était la larve du hanneton (*Melolontha vulgaris*, Fabricius).

Avant d'examiner ces différentes opinions, voyons ce qu'ont écrit les auteurs anciens sur l'animal dont il est ici question :

Arbores, dit Pline, *vermiculantur magis minusve quædam, omnes tamen fere : idque aves cavi corticis sono experiuntur. Jam quidem et hoc in luxuria esse cœpit, prægrandesque roborum delicatiore sunt in cibo : cossos vocant ; atque etiam farina saginati, hi quoque altiles fiunt* (1).

Écoutons encore ce que dit autre part le même écrivain : *Non enim cossi tantum in eo (ligno), sed etiam tabani ex eo nascuntur* (2).

Enfin, il ajoute ailleurs : *Cosses qui in ligno nascuntur, sanant ulcera omnia* (3).

Saint Jérôme, dans son traité contre Jovinien, parle aussi du Cossus, et d'une manière un peu plus détaillée que le naturaliste romain. Voici ses paroles :

In Ponte, in Phrygia vermes albos et obesos, qui nigello capite sunt et nascuntur in lignorum carie, pro magnis reditibus paterfamilias exigit : et quomodo apud nos attagen et ficedula, multus et scarus in deliciis computantur, ita apud illos ξυλοφάγον *comedisse luxuria est... Coge Syrum, Afrum et Arabem ut vermes Ponticos glutiat, ita eos despicit ut muscas, millepedias et lacertos* (4).

(1) Les vers ne s'attachent pas également à tous les arbres, mais presque tous y sont sujets. Les oiseaux reconnaissent leur présence au son creux que rend l'écorce becquetée; et voici que les gros vers du chêne figurent sous le nom de *Cossus* parmi les mets les plus délicats; on les engraisse en les nourrissant de farine. — Pline, *Histoire naturelle*, liv. XVII, 37.

(2) Non-seulement le Cossus y prend naissance, mais le tabanus provient du bois même. — Pline, *Histoire naturelle*, liv. XI, 38.

(3) Les Cossus qui s'engendrent dans le bois guérissent les ulcères. — Pline, liv. XXX, 39.

(4) Dans le Pont et dans la Phrygie, les pères de famille regardent comme un de leurs grands revenus certains vers à tête noirâtre, au corps replet, prenant naissance dans le bois. Manger ces xylophages est chez ces peuples une aussi grande preuve de luxe que chez nous de servir le ganga, le bec-figue, le rouget ou le scare, dont nous faisons nos délices...; mais engagez un Syrien, un Arabe, un Africain à se régaler de ces sortes de vers, il les dédaignera comme si on lui présentait des mouches, des mille-pieds ou des lézards.

Ainsi, en résumant les citations de ces deux auteurs, le Cossus vit dans le chêne; il a la tête noirâtre, le corps blanc et replet. Il était d'un grand revenu pour ceux qui possédaient des arbres dans lesquels on le trouvait; on le mangeait après l'avoir nourri de farine; et cette sorte de ver, qui faisait les délices des habitants du Pont et de la Phrygie, était dédaignée par les peuples de la Syrie, de l'Arabie et de l'Afrique.

Le Cossus ne peut donc être la chenille à laquelle Linné a appliqué ce nom, car cette chenille est rougeâtre. Elle dégorge d'ailleurs, quand on la saisit, une humeur visqueuse, fétide et si désagréable, qu'il serait difficile de concevoir qu'on pût la manger avec plaisir.

Plusieurs raisons sembleraient militer en faveur de l'opinion de Geoffroy. La larve de la *C. palmarum*, généralement connue sous le nom de *Ver palmiste*, était regardée, dans certaines contrées de l'Asie méridionale, comme un morceau succulent. « Au dessert, dit Élien, le roi des Indiens ne se régale pas comme les Grecs du fruit des palmiers nains, mais il se fait servir un ver qui naît dans l'intérieur de l'arbre. Ce petit animal rôti, est, dit-on, un mets délicieux (1). » Telle est encore la manière dont on mange ces sortes de vers en Afrique et dans diverses parties de l'Amérique, où ils sont très-recherchés, au dire de Loyer (2), Sibille Mérian (3), Labat (4), Fermin, Leblond (5) et autres voyageurs.

Un autre motif non moins spécieux semblerait devoir porter à admettre l'opinion de Geoffroy. Le nom sous lequel sont connues, dans le Nouveau-Monde, les larves en question, dérive, comme l'a fort bien remarqué Joseph Scaliger (6), du latin *cossus*, transformé plus tard en *cusus* dont les Espagnols ont fait *gusano*, qui correspond à notre mot *ver*, pris dans un sens assez étendu. Mais ces larves, au lieu d'habiter le chêne, vivent

(1) Élien, *De Natura animalium*, liv. XIV, chap. XIII.

(2) *Histoire générale des voyages*. Paris, 1747; t. III, p. 432.

(3) Mérian, *De generatione et metamorphosibus insectorum Surinamensium*. Agere comitum, 1726; p. 48 et pl. 48.

(4) Labat, *Nouveau Voyage aux îles de l'Amérique*. La Haye, 1724; t. I, p. 140.

(5) Ces larves, dit Leblond, sont assez dégoûtantes et soulèvent d'abord le cœur; mais on s'y accoutume, et l'on finit par trouver ces *gusanos* excellents. *Journal des voyages*, t. XXX, p. 276.

(6) Cossos *posteà* cusos *invenio vocatos : unde Hispani vocant* Gusanos. — Voyez Festus, annoté par J. Scaliger.

exclusivement dans les palmiers : et ce genre d'arbres n'est pas propre à l'Italie. Ceux que le luxe y avait introduits et qui, d'ailleurs, ne portaient point de fruits, étaient originaires de l'Afrique ; or, ce ne pouvait être de là qu'était venu l'exemple de manger le Cossus, puisqu'il était dédaigné par les peuples de ces contrées.

Swammerdam, après avoir eu la pensée que la larve de l'Oryctès nasicorne pouvait être le Cossus des anciens, a été le premier à élever des doutes sur la validité de ses soupçons : « Peut-être, dit-il, faut-il rapporter le Cossus à une autre espèce de Scarabé ; car, pour être susceptibles de flatter notre goût, les vers que j'indique devaient préalablement être soumis à un jeûne assez long pour leur permettre de se délivrer de matières sordides contenues dans leurs corps (1). » Les Oryctès, d'ailleurs, ajouterons-nous, se cachent dans leur enfance, soit dans le terreau, soit au pied des racines, au lieu d'habiter l'intérieur des arbres.

La larve du hanneton nous paraîtra-t-elle, à plus juste titre, devoir être considérée comme l'être vermiforme recherché des gastronomes romains ? Avant de combattre cette opinion, émise par un homme dont le nom, dans la science, est d'un aussi grand poids que celui de Latreille, rapportons les paroles de cet entomologiste célèbre : « .... Les larves de quelques grands capricornes toujours cachées dans les troncs des arbres, et pas assez abondantes, n'auraient pu suffire à la consommation. Festus, en parlant des Cossus, dit qu'ils sont ventrus et paresseux. L'étymologie de ce mot indique un corps ridé, plié, et quelques personnages consulaires étaient, pour cette raison, nommés *Cossi*. Peut-être aussi l'emploi du même nom dérive de la même source, en désignant l'obésité et, au figuré, l'opulence. Ceux de ces insectes qui vivaient dans les chênes ou plutôt dans les chênaies et qui étaient les plus grands, étaient préférés. D'après toutes ces données, je crois, avec Mouffet et quelques autres naturalistes, que le Cossus des anciens était la larve du hanneton ordinaire (2). »

Tous ces raisonnements, en apparence si bien motivés, reposent malheureusement sur des données hypothétiques ou inexactes. Latreille, en traçant ces lignes, a été abusé par l'infidélité de ses souvenirs, ou il s'est

(1) SWAMMERDAM, *Biblia naturæ*. 1737. In-fol., t. I, p. 318.
(2) LATREILLE, *Cours d'entomologie*, p. 60.

borné à lire Festus dans Mouffet, dans Jonston ou tout autre paraphraseur de ce genre, car il lui a fait avancer ce qu'on chercherait vainement dans le texte de cet auteur ; il est facile d'en juger : *Cossi,* dit l'écrivain latin, *ab antiquis dicebantur natura rugosi corporis homines, a similitudine vermium ligno editorum, qui cossi appellantur.* Le Cossus, comme on voit, n'est point qualifié de ventru ni de paresseux ; on ne lui donne point un corps plié, caractères dont la réunion signalerait assez bien une larve de Lamellicorne. Ce n'est pas non plus dans les chênaies, mais dans le bois ou le tronc des chênes, *in ligno,* comme l'indiquent formellement les trois auteurs ci-dessus nommés, que cet être vermiforme prenait naissance. Il est donc impossible de rapporter ce dernier à la larve du hanneton, dont le séjour est souterrain et la nourriture bornée aux racines des végétaux. Enfin, si certains personnages consulaires, grâce aux douceurs de la vie dont ils jouissaient, acquéraient un embonpoint suffisant pour être appelés *Cossi,* ce surnom n'était pas réservé aux citoyens élevés à la même dignité, il était donné à tous les hommes, *natura corporis rugosi,* c'est-à-dire, non couverts de rides, car celles-ci sont une flétrissure du temps ou les tristes signes d'une vieillesse prématurée, mais chargés de ces plis qu'un sybarite étale avec complaisance, quand, brillant d'un teint frais et vermeil comme celui du prélat chanté par Boileau,

Son menton sur son sein descend à triple étage.

C'est, en effet, à la plénitude de son corps que dut le surnom de *Cossus* un des aïeux de cet A. Cornélius qui tua de sa propre main le roi Tolumnius (1). C'est de là que paraissent aussi être venus les noms de *cossutius, cossinus, cossuvius, cossuvianus.* Divers auteurs prétendent même que cette dénomination de *cossus* aurait été donnée en prénom, opinion combattue avec succès par Gaëtan Marini (2) et quelques autres écrivains.

La comparaison dont se servaient les anciens revenait donc à celle que nous employons fréquemment dans le style familier quand, cherchant à

(1) TITE-LIVE, IV, 19.
(2) *Atti e monumenti de' fratelli* ARVALI. Roma, 1795 ; p. 86.

donner une idée de l'embonpoint d'une personne, nous le comparons à celui d'un moine.

Ce passage de Festus a fait également commettre quelques inexactitudes à un autre savant d'un grand mérite et d'un vaste savoir : « Selon Pline, dit M. Duméril (1), c'est du nom de cet insecte que les hommes trapus étaient appelés *Cossi*, étymologie d'où, suivant Suétone, *Cossuna*, femme de César, avait tiré son nom. » Le naturaliste français attribue ainsi à Pline les paroles de Festus ; il donne à une partie de cette phrase un sens qui ne semble pas le véritable ; il travestit, par un *lapsus calami*, *cossutia* en *cossuna ;* il prête enfin à Suétone une étymologie que celui-ci n'indique pas.

Revenons au Cossus. Si nous devions le retrouver dans la larve d'un Lamellicorne, il serait plus rationnel de le chercher avec Rœsel, dans celle du cerf-volant ou de certaines Cétoines, la *fastuosa*, par exemple, espèces qui habitent l'intérieur des arbres ; mais ces créatures offrent dans le volume et la couleur de leur abdomen quelque chose de repoussant. D'ailleurs, les écrivains dont nous avons invoqué le témoignage auraient probablement fait mention des pieds de ces petits animaux ; ils leur auraient surtout appliqué l'épithète de ventrus qui leur convient à si bon droit : leur silence à cet égard doit nous porter à penser que le Cossus, selon l'opinion d'Olivier et de plusieurs autres, est la larve du *Cerambyx heros* (2). Celle-ci, en effet, présente tous les caractères indiqués par les seules sources auxquelles nous puissions recourir : elle vit dans le chêne ; elle a la tête, au moins en partie, noirâtre ; le corps blanc et d'une obésité remarquable ; enfin, on peut l'élever assez facilement en la nourrissant de farine.

Saint Jérôme (3), dans un autre passage que Cœlius Rhodiginus (4) cherche gratuitement à dénaturer, nous apprend que les adorateurs de

(1) *Dictionnaire des sciences naturelles*, t. II, p. 9.

(2) Ou d'une espèce voisine.

(3) Nos adversaires se complaisent dans leur abstinence de certaines nourritures, comme si la superstition des Gentils n'épargnait pas le Cossus, par respect pour la mère des dieux et pour Isis. *Traité contre Jovinien*, liv. II, p. 78. (Traduction de M. Collombet.)

(4) *Ludovici Cœlii Rhodigini lectionum antiquarum*, liv. XXX, p. 257.

Cybèle et d'Isis s'imposaient, entre autres privations, celle de manger le Cossus. Moins dévots envers la mère des dieux, les philosophes ne poussaient peut-être pas le scrupule aussi loin; et, sans doute, Athénée nous aurait donné sur ce sujet des particularités inconnues, si le *Banquet des savants* (1) nous fût parvenu dans son entier. Que ne nous aurait pas appris Varron, le plus docte des Romains, si, moins malheureuse que la plupart de ses ouvrages, sa satire *sur les repas* (2) eût résisté davantage aux ravages du temps! Comment ce mets recherché a-t-il pu être oublié dans le dîner somptueux donné le jour de l'inauguration de Lentulus en qualité de flamine de Mars (3)? Pourquoi n'est-il pas mentionné dans le repas non moins célèbre de l'opulent Trimalchion (4)? Par quelle cause, enfin, ni Martial (5), ni Stace (6), ni les deux ou trois gourmands qui ont popularisé par leurs excès le nom d'Apicius (7), ni aucun des autres écrivains auxquels nous devons des détails sur l'art culinaire des anciens, n'ont-ils jamais cité le Cossus? Ceci nous conduira à répondre à une objection soulevée par Latreille, relativement à la difficulté de trouver une assez grande quantité de larves du *Cerambyx heros*, pour satisfaire les goûts des gastronomes romains; certes, cette difficulté n'eût pas été grande, si la larve du hanneton avait été l'espèce de ver recherché par eux; car, dans certaines années, elle est malheureusement si multipliée dans quelques localités, qu'on pourrait en recueillir près d'un cent par mètre carré. Or, quand Pline et saint Jérôme disent que c'était un luxe de manger des Cossus, ceux-ci devaient être rares sur des tables où un plat de foie de lotes n'était pas une preuve de somptuosité. Les pères de famille pouvaient les considérer comme un de leurs grands revenus, dans un pays où l'art d'engraisser des paons procura soixante mille sesterces de rentes à Aufidius

(1) *Deipnosophia.*

(2) Varron avait composé une satire sur les repas, dans laquelle il citait les meilleurs mets. AUDU-GELLE, *Noct. atticæ*, liv. VII, 6.

(3) MACROBE, *Saturn.*, cap. IX.

(4) PETRONE.

(5) MARTIAL, *Épigr.* IX, 48; XI, 53.

(6) STACE, *Silvæ*, IV, 6.

(7) On doit à Cœlius Apicius un traité *De re culinaria*, ouvrage perdu pendant longtemps, et retrouvé en 1529 dans l'île de Maguelone, sous l'épiscopat de Guillaume Pelissier, dernier évêque de ce lieu.

Lurcon. Leur valeur devait être considérable, chez un peuple où un Asinus Celer a pu payer un rouget huit mille sesterces, où un cuisinier coûtait autant qu'un triomphe ; où enfin, nul mortel ne paraissait d'un plus haut prix que l'esclave doué des plus grands talents culinaires, c'est-à-dire le plus habile dans l'art de ruiner son maître.

TABLE DES MATIÈRES

TABLE ALPHABÉTIQUE

DES

ESPÈCES DÉCRITES

COCCINELLIDES

BRÉVIPENNES

NOTICES HISTORIQUES

LYON. — IMPRIMERIE PITRAT AINÉ, RUE GENTIL, 4.

OUVRAGES DU MÊME AUTEUR

HISTOIRE NATURELLE DES COLÉOPTÈRES DE FRANCE.

— LAMELLICORNES. *Paris*, 1842. 1 vol. in-8.
— PALPICORNES. *Paris*, 1844. 1 vol. in-8.
— SULCICOLLES. — SÉCURIPALPES. *Paris*, 1856. 1 vol. in-8.

HÉTÉROMÈRES :
— LATIGÈNES. *Paris*, 1854. 1 vol. in-8.
— PECTINIPÈDES. *Paris*, 1855. 1 vol. in-8.
— BARBIPALPES. — LONGIPÈDES. — LATIPENNES. *Paris*, 1856. 1 vol. in-8.
— VÉSICANTS. *Paris*, 1857. 1 vol. in-8.
— ANGUSTIPENNES. *Paris*, 1858. 1 vol. in-8.
— ROSTRIFÈRES. *Paris*, 1859. 1 vol. in-8.

— ALTISIDES, par C. Foudras. *Paris*, 1859-60. 1 vol. in-8.
— MOLLIPENNES. *Paris*, 1862. 1 vol. in-8.
— LONGICORNES. 2e édit. *Paris*, 1862-63. 1 vol. in-8.
— ANGUSTICOLLES. — DIVERSPALPES. 1 vol. in-8, avec REY.
— TÉRÉDILES 1864. 1 vol. in-8, avec REY.
— FOSSIPÈDES et BRÉVICOLLES. 1865. In-8, avec REY.
— SCUTICOLLES 1867. In-8, avec REY.
— VÉSICULIFÈRES. 1867. 1 vol. in-8, avec REY.
— FLORICOLES. 1868. In-8, avec REY.
— GIBBICOLLES. 1868. In-8, avec REY.
— PILLULIFORMES. 1869. In-8, avec REY.
— LAMELLICORNES. — PECTINICORNES. 1871. In-8, avec REY.

SPÉCIÈS DES COLÉOPTÈRES TRIMÈRES SÉCURIPALPES. *Lyon* et *Paris*, 1850-51. 1 vol. en deux parties, grand in 8.

MONOGRAPHIE DES COCCINELLIDES. 1866. In-8.

OPUSCULES ENTOMOLOGIQUES, grand in-8.

— 1er cahier. 1852. Mémoires divers.
— 2me cahier. 1853. Id.
— 3me cahier. 1853. Coccinellides.
— 4me cahier. 1853. Parvilabres.
— 5me cahier. 1854. Id.
— 6me cahier. 1855. Mémoires divers.
— 7me cahier. 1856. Id.
— 8me cahier. 1858. Id.

OPUSCULES ENTOMOLOGIQUES, grand in-8-

— 9me cahier. 1859. Parvilabres. etc.
— 10me cahier. 1859. Parvilabres.
— 11me cahier. 1859-60 Mémoires divers.
— 12me cahier. 1861. Id.
— 13me cahier. 1863. Id.
— 14me cahier. 1870. Id.
— 15me cahier. 1873. Id.

COURS D'HISTOIRE NATURELLE. *Paris*, 1869, 3e édit. (Zoologie). — 1869, 3e édit. (Physiologie). — 1860. (Géologie).

SOUVENIRS D'UN VOYAGE EN ALLEMAGNE. *Paris*, 1861. In-8.

HIST. NATURELLE DES PUNAISES DE FRANCE. — SCUTELLÉRIDES. 1865. In-8.
— — PENTATOMIDES. 1866. In-8.
— — CORÉIDES. 1870 In-8.

ESSAI D'UNE CLASSIFICATION DES TROCHILIDÉS. 1866. In-8, avec MM. Verreaux.

LETTRES A JULIE SUR L'ORNITHOLOGIE. *Paris*, 1868. Grand in-8. Fig. col.

LETTRES A JULIE SUR L'ENTOMOLOGIE, 2 vol. in-8.

SOUVENIRS DU MONT PILAT. 1870. 2 vol. in-18.

SOUS PRESSE : BRÉVIPENNES. (Suite.) — PUNAISES DE FRANCE (RÉDUVIDES-ÉMÉSIDES).

EN SOUSCRIPTION

HISTOIRE NATURELLE

DES

OISEAUX-MOUCHES

OU

COLIBRIS

CONSTITUANT LA FAMILLE DES TROCHILIDÉS

PAR

E. MULSANT ET FEU ED. VERREAUX

OUVRAGE PUBLIÉ PAR LA SOCIÉTÉ LINNÉENNE DE LYON

Cet ouvrage, imprimé sur très-beau papier, fabriqué exprès par MM. FILLIAT FRÈRES, de Rives, et avec des caractères neufs, formera quatre volumes grand in-4 raisin, de 300 à 320 pages chacun, accompagnés de planches dessinées d'après nature par d'excellents artistes et coloriées avec soin

Chaque volume sera publié en quatre livraisons de dix feuilles environ, et de quatre ou cinq planches par livraison, pour offrir un représentant des principaux genres, ou les deux sexes des espèces, quand il sera nécessaire.

Il paraîtra une livraison par trimestre.

Le prix de la livraison est de 7 fr., planches noires, et 12 fr. 50 avec planches coloriées.

La Société publierait cette *Histoire* avec des planches pour chaque espèce de ces oiseaux, si elle trouvait, à 2 fr. 50 par planche coloriée, un nombre suffisant de souscripteurs pour couvrir les frais.

LYON. — IMPRIMERIE PITRAT AINÉ, RUE GENTIL, 4.

www.ingramcontent.com/pod-product-compliance
Ingram Content Group UK Ltd.
Pitfield, Milton Keynes, MK11 3LW, UK
UKHW012026240726
13965UKWH00002B/609

9 782013 370714